金塊文化

金塊文化

Office Girls

小資女向前衝

新時代女性
好命靠自己

認真工作の女人最美麗！

蘇妃◆著

前言

每個女孩都渴望自己是個「好命女」，在擁有美好家庭的同時還能成就一番事業。然而，現實常常事與願違，生活的種種不順讓很多女孩開始懷疑自己，慨嘆自己命運不濟。

是否，你朝九晚五為生活奔波，卻被「職場潛規則」搞得暈頭轉向；是否，在熱鬧的聚會上，毫不起眼的你躲在一旁自慚形穢……俗話說「命由天定」，難道這就是我的命？

其實，每個女孩都擁有「好命」的潛質，雖然你不能改變出身，但可以改變命運。

每一天，我們都在面臨一個接一個的選擇，這些選擇最終引導我們命運的去向。你可以選擇積極地對待每一天，也可以選擇自怨自艾過著抱怨的生活；你可以選擇廣泛地結交朋友，也可以選擇一個人安靜地生活；你可以選擇每天早起一小時，在通勤時閱讀報紙掌握更多資訊，也可以選擇睡到最後一分鐘，然後慌慌張張趕到公司；假日，你可以選擇參加培訓班為自己充電，也可以選擇在家裡慵懶地度過一天……一切都在於你自己，不要再抱怨命運不濟。

改變自己，你才能改變命運，成為人見人愛的好命女。

沒有女人天生就是好命，關鍵要看自己如何把握。為夢而活，但不能活在夢中；只要你相信自己，那你也會成為好命女的一分子，因為命運是掌握在自己手中的。相信自己，沒有什麼做不好，好命女永遠對生活充滿激情，她們充滿智慧，她們有著自己的追求和夢想，有奮鬥的勇氣和魄力，正因為這樣，好運才會一直跟隨著她們。

本書獻給所有渴望好命的女孩，也希望能幫你在通往幸福的道路上避開陷阱和彎路，早日加入「好命女」的行列。

目錄

C·O·N·T·E·N·T·S

目錄

C·O·N·T·E·N·T·S

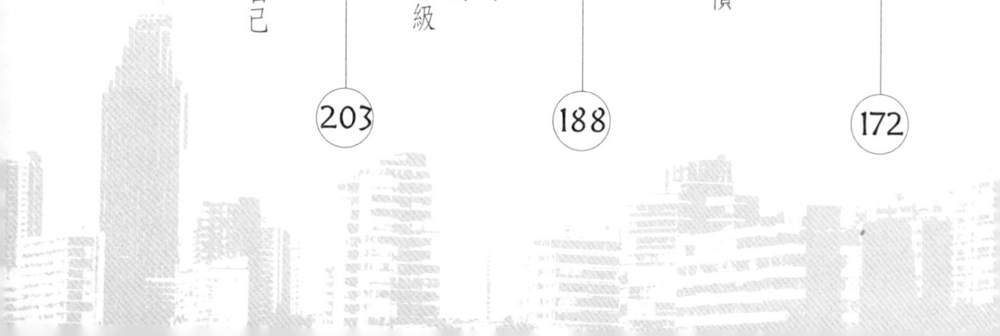

目錄

12
3
6
9

01 男人可能辜負你，而事業會成就你

擁有事業的女人更有魅力

聰明的女人會明白，女人光靠塗脂抹粉是塑造不了魅力的。魅力在於內在氣質的閃爍，在於人格的造就，在於事業的努力追求。所以，女人要有獨立人格，不依附男人，要走自己的路，這樣才能獲得幸福的長久青睞。

很多女人都甘願做男人懷中的波斯貓，生活無憂無慮，其實這是一種目光短視的表現，懂得生活真諦的女人會明白，自己擁有一定的事業才是愛情美滿、生活幸福的保障。

每個結了婚的女人都想讓先生永遠迷戀自己，但是往往事與願違。男女在結婚以後，就會產生彼此依賴的相屬感，有心理學家指出，夫妻間的相屬感，幾乎是婚姻中的「險灘」，原因在於其感情過於穩定，幾乎近於麻木，妻子在先生眼中也逐漸失去了魅力。幸福的女人知道婚姻也是需要經營的，其實女人婚後幸福的秘訣就

在培養自己的獨立人格，進而在先生心目中顯現出獨特的魅力。

說到魅力，女人往往聯想到自己的外表，於是有些女人就長吁短嘆起來，因為她們深知自己相貌平平，心裡早已有了一些自卑，加上結婚、懷孕、生孩子，青春易逝，心裡更不是滋味。其實以為自己相貌平平便無魅力可言的想法，是一個很大的錯誤。開拓新視界，可以戰勝「年老色衰」的心理和生理因素，給生命帶來活力。

女性們應多發展些興趣和愛好，在事業上也要有自己的立足點。儘管錯雜紛亂的生活不可能令每個奮鬥的人都成為贏家，但美在過程，美在你的一生有一個充實向上的人生。

◎職場的「女士優先」要靠自己爭取

有些女性總是希望依靠性別優勢而不是靠能力獲取成功，在工作中習慣利用女性身份找藉口，「我要早點回去接孩子」、「這種累人的事應該讓男人來做」、「我住得遠，七點以前必須到家」……要知道，「女士優先」的規則不適用於職場，男女在生理上的確有不同，但總拿性別當藉口會招致別人的反感。

一份職場調查顯示：有七十八%的經理人認可「職場中性」。這顯示職場中，老闆看中的是業績和能力，而非性別。工作中，沒有人因為你是「嬌嬌女」，會使用「淚彈」，就降低對你的要求，給你大開方便之門。職場中沒有性別可言，一切都靠實力說話。

所以在職場中，無須也不宜過多地考慮自己的性別，過分強調自己的性別特徵只會對個人發展不利。如果你想在ＩＴ業嶄露頭角，就應該提高自己的資管能力和組織架構能力；如果你想在金融業穩穩立足，就要學習充足的金融資訊；如果你想在旅遊業成為佼佼者，就要掌握充足的景點知識和旅遊法律知識……

這是一個靠實力說話的時代。有了實力，你才會被重視，工作中，你的意見和建議才會引起主管的關注；如果你沒有本事，即使你有好的建議，也不會受到重視。當工作中有了實力，你可以時常體會工作的樂趣，以及自己創作的價值，最關鍵的是可以獲得很大的成就及財富。有了實力，你就有了「長期飯票」，走到哪裡你都能找到滿意的工作，實現「你挑工作，而不是工作挑你」的理想。

◎巧妙利用「異性定律」

心理學上有一個「異性定律」，說的是人和人之間「同性相斥，異性相吸」的現象，以及這種現象對社會交往產生的微妙影響。根據這一定律，在一男一女的社交場合中，男性常常想表現出舉止瀟灑、氣度不凡、才華橫溢、談吐幽雅、妙語如珠，這樣更容易喚起女性的好感。當然，在社交場合中，男性的這種心理是一種潛在的意識，所以，當男人與女人單獨相處時，沉默寡言的男性會表現得談吐自如、滔滔不絕，膽小懦弱的男性會變得勇猛異常，粗俗野蠻的男性會變得儒雅溫存。這種異性之間在交往中表現出的超正常熱情，可以促進事情成功的效應，是「異性效應」中的正效應。

這種異性正效應，在青年男女身上表現得更為強烈。這是因為年輕人隨著身心發育的成熟，正處於對異性親近、愛慕和追求期，常常會不由自主地將注意力移到異性方面。他們在情感上渴望與異性交流，以發現自我、提升自我和理解別人，從而體驗到深深的情感依戀，渴望得到異性的肯定以增加自信心。

在男性的潛意識中，願世上只有自己是男性，世上所有的女性都鍾情於自己。所以，當男性聽說某位女性，尤其是漂亮的女性有了男朋友或結了婚，常常會莫名其妙地產生一種失落感。在男性的社交中，若對方是一對情侶，那麼他對那位女性的熱情和幫助將會銳減，他會不自覺地讓那位男性難堪，而另一位男性在伴侶面前要極力維護自己的尊嚴及在伴侶心目中的地位，這時兩位男性很容易發生衝突。

在交往中，異性效應常常不像上面所說的那樣直接，有時甚至恰恰相反。例如，一個男人在擇偶中屢受挫折，他可能對女性有種憎恨的心理，所以在他與異性的交往中便不會產生異性效應的正效應，甚至還會產生負效應，但是，交往中異性效應還是普遍存在的。職場上，如果你想讓男人「聽話」，不妨利用一下這種「異性效應」。

◎跟男人學領導

現代社會中不乏精明幹練、獨當一面的女強人，但整個社會文化對於女性仍然保存了一定的刻板印象——相對男人來說，女人總是優柔寡斷，不能擔當重任。女人要想在職場中站穩腳跟，得學會在必要的時候複製男人的優點，看那些活躍在政界、商界的女性菁英，無一不是有著堅強的秉性和過人的決斷力。

作為一名出色的女性領導者，就應該具備在關鍵時刻大膽拍板的風範和決策能力。碰到關鍵的時刻不能退縮，不能毫無主見，而是要敢於拍板拿主意，要表現出非凡的決策能力。而領導者的決策能力包括以下幾個方面：

1.要有全局觀念：大凡古今中外的傑出領導者都是戰略家，他們具有戰略頭腦，具有開闊的視野，統籌全局的能力，如此才能從客觀上把握事物發展的態勢和規律，作出正確的決策。

2.要有一顆多謀善斷的決策頭腦：決策者的能力取決於自身的修養，為了提高決策水準要不斷創新，克服因循守舊、墨守成規的思想，要有淵博的知識，還要具有分析及判斷能力，才能在一大堆待辦工作中分清孰重孰輕，哪些需要自己去辦，哪些可交給下屬去辦。而在錯綜複雜的人際關係中，要準確地判斷各個層次、各個類別人員的才德情況及相互關係，才能做到最好的人員調度。

3.要有一雙指揮方向的手：領導者還必須具備組織指揮能力，所謂組織指揮能力是指為了獲得理想的社會效益和經濟效益，對被管理的客體實行有效管理和控制的能力。它包括兩層含義：其一是「管理」，即熟悉運用各種組織形式，並善於運用組織的力量協調各方面的人力、物力、財力，使其達到動態上的綜合平衡，從而獲得最佳的社會效益和經濟效益；其二是「控制」，即採取有效的控制手段，使被管理的對象按照領導者的意圖沿既定的方向前進，並最終取得預期的效果。

無論你現在在哪一個職階，如果你有心出人頭地，就要有意識地避開女性思維中優柔寡斷的劣勢，學習男人果斷、堅定的作風。

◎想當頭就不能太溫柔

溫柔，也許是女人征服男人的利器，卻不是征戰職場的武器，領導的位置，對於女性從來都是吝嗇的。

作為一個成功女性，面臨著多方面的壓力，除了性別歧視，還面臨著男性部屬不願意服從的麻煩。作為女主管的你，在對待男部屬時如果對他過分「溫柔」，說話總是慢條斯理，他會認為你缺乏領導該擁有的幹練，所以對待他們沒必要處處謙讓，而應拿出你的專業權威，讓他從心底佩服你。

當然也沒必要「裝出」一副厲害的面孔，要學會剛柔並濟。有時要讓他們覺得你很重視他的見解和經驗，讓他自覺存在的重要性。但你在徵求意見時，不要讓他覺得你事無大小都要過問一番，這樣會令他覺得你沒有判斷力，不懂得做決策。以下幾點是成功女性應具備的領導特質：

1. **形象幹練**：徹底改變讓你看上去太過柔弱的做法，樹立起威嚴的形象。第一件要做的事，就是叫男朋友不要在你上班時打電話來，也不要男朋友到你公司來接你，更不要在眾人面前在電話裡跟男友撒嬌發嗲，這樣才能顯示出自己的工作責任心及起碼的獨立能力。

2.**保持獨立**：如果說在私領域中，你還可以得到男人關愛的話，那麼在工作中則根本不可能得到男同事的禮遇。要是你很能幹，男同事反而會有受威脅的感覺。因此，女人在工作場所裡，儘管能得到男人口頭上的諸多關照，但當真碰上問題，則沒有誰會真心幫助你，唯一能依靠的只有自己。

3.**反應敏銳**：作為一個出色的女主管，要想和部屬建立良好的工作關係，就需要擅長觀察部屬的情緒，採取不同的互動策略。尤其男人在面對職場女性時常會手足無措，因為他所面對的女性，既是同事，又是女人，在這種情況下，應設法消除他們這種心理，努力尋找並建立一個共同點，產生共鳴，使相處變得容易。

4.**控制眼淚**：女性很容易用哭泣來要求想要的東西，但工作環境裡，這種女性化的情緒表現卻是不能讓人容忍的。雖然這一哭，可能會立刻得到同情，但這只是短期的收益，從長遠的眼光來看，不但有損你的威嚴，也對你的事業形象有害。在有些情況下，男人能接受某些女人的眼淚，但對一位女主管卻絕對不能，他們會鄙視動不動就哭的女人，並從此斷定該人不能做大事。所以，你一定要學會控制自己的眼淚。

5.接受批評：女人是很情緒化的，聽到別人的批評，容易不經考慮而立刻為自己所做的事情進行辯護，找藉口說明自己是對的，有時還會喪失客觀的判斷力，特別是受到上司的指責時，更會覺得難受。所以女人有必要不斷提高自己客觀的理解能力，學會接受批評，否則，你的同事和上司難以和你溝通，不能與你心平氣和地溝通，這對你是不利的。

◎公司聚餐比約會更重要

在職場中，同事聚餐是常有的事。經過了一整天緊張的工作，大多數人都希望在下班後享受私人的自由空間，尤其是年輕的女孩子，更希望能在下班後和男朋友一起度過一段甜蜜輕鬆的時間，因此很多女孩子常常為了赴約而不參加同事聚餐或是提前溜走。

雖然聚餐並不是工作的一部分，但是聚餐的出勤率也會影響你在老闆和同事心中的印象。主管經過多方考慮好不容易召集大家來一次聚會，但參加的人若是寥寥無幾的話，再怎麼溫和的主管都會生氣的，特別是那些經常不參加同事聚餐的員工，往往都會讓主管越看越不順眼。據統計資料顯示，這種經常不參與團體活動的員工，九〇%以上是女性，尤其是剛入職場的女孩子一定要記住，公司聚餐比約會更重要，不要為了一時的浪漫誤了自己的前途。

與男同事相比，女孩子似乎有很多理由不參加公司聚餐。比如說她不會喝酒，但是別人卻不斷地過來敬酒；比如說她經常會碰到那種只要一喝醉就動手動腳的男同事或上司；比如害怕酒後失態，卻一而再再而三地被灌醉；又比如說聚餐現場總是要說一些言不由衷的話，或者會語無倫次地洩露一些隱私；比如說自己住的地方太遠，晚上回去不方便，等等。總之，根據每個人的顧慮不同，女性可以給自己找出若干個不參加的理由。

這些理由看起來都言之有理，但也要意識到，看似無聊的聚餐，其實是職場生活的另一種延伸。這也可以解釋成，聚餐是你在工作中出現問題時一個絕佳的補救機會；也就是說，這類活動可以讓你瞭解到在正式工作場合不能瞭解到的各種資訊，可以找到不一樣解決問題的方法，而且，當一堆人坐在餐桌旁享用美食時，是拉近關係的好機會。

聚餐是一項會令人放鬆警惕的消遣，是可以把公私分明那條分界線混淆模糊的一種場合，透過這個特殊環境能積累人際關係、消弭誤解，更有助你的團隊生活以及獲得更好的業務發展契機。

聚餐的主辦人大多是主管，這不需要你去奉承，只要在旁邊關心他就可以了。如果主管是女性，可以從外形的細節上表示自己的關注：「你的髮型真好看，是在哪裡做的啊？」用這些簡單的問題來讚美她，可增加你們的親密度。那些只會坐在辦公桌前默默無聲埋頭工作的人，是無法做好團隊關係的。

聚餐同時也是一個平臺，是給所有人表現自己、聯絡朋友、交流意見的最佳時機。人們大都有一些被外人議論的傳聞，那些事情是在自己不在的場合裡外人談論的小道消息。要知道別人是怎麼議論自己，就必須參加一些這樣的活動。在工作時間無法說出來的話，只要一杯酒下肚，就可能隨意地說出來，因此，對於那些希望事業有進展的女性朋友來說，絕對不能錯過這種機會。

當然，也難說會遇上愛喝酒又喜歡騷擾人的上司，這時就需要有所準備。有的人會利用跳雙人舞的時間來接近你，這時也沒有必要去得罪他們，可以用一種友好的姿態去婉拒。而如果在酒桌上，有上司不斷地糾纏你，那就要馬上換位置，但要注意不要表現出你對上司的明顯厭煩，而是要裝作樂於與大家交流的樣子，不斷地換位置，這樣對方若再想糾纏也難了。

如果因為聚餐的時間過長而感到厭倦的話，可以藉口別的事情提早離席，比如說「就在這附近我還有一個約會呢，先去坐一坐馬上就回來！」，比起說要去上洗手間還帶著包包走出去，這種理由較能夠讓人接受。雖然大家都心知肚明你是藉故離席，但也沒有什麼證據，也就不會有人再關注你的離開了。

從現在開始，無論是慶功宴還是年會，抑或是普通的部門聚餐，都要視為工作的一部分，千萬不能輕視，努力地堅持到最後，當其他女同事都中途退場，只有你一個人堅持下去時，你自然會受到更多的關注。

◎認真工作的女人最美麗

工作和家庭，你選哪一個？有很多女人都選擇在結婚後回歸家庭，一心一意扮演起「全職太太」的角色。做全職太太對女人到底好不好？女人的角色定位一直是個爭論的話題，是保持獨立還是回歸家庭，一直都讓年輕女孩充滿矛盾。婦女解放運動讓女性走出家門，實現男女平等就業的願望，有了經濟獨立的資本和條件。然而，在今天，許多女性並不反對「工作好不如嫁得好」的價值觀，她們似乎也甘願放棄這種平等的權利，重新回歸家庭。

這是社會發展的趨勢嗎？先來看一下許多全職太太的心聲：經濟不獨立，生活不獨立，人格不獨立，生活視野小，幾乎沒有自己的興趣愛好。社會的發展日新月異，整天悶在家裡做家務，閒了聽聽音樂看看電視，沒出去接觸外面的新世界很容易落伍；以前上班對自己的身心健康來說都是很好的訓練，突然閒下來，反而變得不知所措；離開了同事和朋友，視野變得越來越狹窄，生活失去了目標和動力，曾經的夢想和豪情壯志都一去不復返……總之，做全職太太也有很多煩惱，只能把所有心思都放在先生和孩子身上，也因為把全部注意力都轉移到家人身上，無形中增加了對家人的壓力。

此外，經濟地位決定發言權，有收入的一方必然在決策中有決定性作用。如果全職太太的經濟來源完全依賴先生的收入，一旦先生遭遇經濟危機或感情出軌，都將給她們帶來致命的傷害，全職太太們內心深處的不安與焦慮大都源於此。因此，她們很容易產生患得患失的負面情緒，陷入不自信和敏感多疑的心理困境，既對家人的言行過於敏感，容易放大自己的個人感受，以致產生不安和恐慌，又對與外界交往缺乏自信，嚴重的自卑會讓她們越來越壓抑，也越來越孤獨。

幸福把握在自己手中，只要我們學會用心平衡好自己的生活，在這個多元化的社會裡，女人可以追求經濟和人格的獨立，也可以選擇在家相夫教子，這是社會自由度和人性化程度提高的表現。我們不必強求每個女性都要出去工作，只是一定要建立自身的核心價值觀，如果條件允許，還是不應造成人才的浪費，畢竟，有工作的女人生活能多一份保障。

認真工作的女人才是最美麗的女人。工作對女人來說除了給自己一份經濟保障，滿足自己的日常消費開支，也能緩解家庭經濟壓力，在先生面前保留更多的自尊，還可以拓展自己的生活空間，體會到認真工作的樂趣和成就感，讓自己的生活更多彩，更自信，這才是真正的幸福之道。

工作為女人打開了通往廣闊世界的一扇窗，讓她們有機會去體會更多的精彩與喜悅。智慧的女人能將工作視為認識自我、展現自我能力的一種手段，對於她們來說，工作本身就是快樂的源泉。新世紀女性雖然溫婉如水，卻能憑藉著自己的實力贏得信任，並取得和男人一樣的成功，甚至比男人做得更加漂亮。所以說，女人不僅需要一份適合自己的工作，如果條件允許，最好還能適當做些與興趣相關的事業，不管規模大小，因為能做自己喜歡的工作，將是一份更大的快樂。

作為一個有著自己獨特想法的新時代女性，一定要勇於追求自己的幸福，仔細傾聽自己內心的聲音，從事自己最喜歡的工作，按照自己的步伐在璀璨的人生舞臺上翩翩起舞。如果說家庭是男人的避風港，那麼事業就是女人的避風港。

聰明的女人會把握好工作與生活之間的平衡，她們擁有自己的事業，但絕對不會讓自己成為工作狂。要知道，那種在忘我工作中模糊了家庭概念的女人，渾身都散發著一種讓人窒息的壓力，誰願意跟沒有生活情趣的女人在一起一輩子呢？因此，在認真對待工作的同時，也要實實在在地學會愛自己，工作和家庭的平衡，才是女人最有成就感的幸福。

◎別自我設限，你比想像中優秀

儘管生長在二十一世紀的女人早已掙脫了男尊女卑的枷鎖，但骨子裡，女人還是害怕成功，甚至有心理學家分析說，女人在內心深處還有破壞成功、嚮往失敗的心理。他人不屑的眼光，是阻礙我們成功的外因，可女人如果給自己設限，就是自我設限的心理在作怪了。

你是不是也總在想：不可能的，我都這麼大年紀了，怎麼還能出國？我基礎那麼差，怎麼可能考上一流大學？我長得不夠漂亮，他怎麼會喜歡我？結果是，由於你的「自我設限」，導致身體內無窮的潛力和激情沒有發揮出來。「自我設限」讓你流於平庸之輩！

而事實是，不管你記不記得，自己身上擁有凝聚著巨大能量的「小宇宙」，那個代表個人潛力的「小宇宙」確實存在於每個人的生命中。科學研究證實，一個普通人只要發揮五〇%的潛能，就可以掌握四十多種語言，可以背誦整部百科全書，可以獲得十二個博士學位。大多數人之所以沒有取得任何成就，不是因為他們沒有能力，而是一切皆因自我設限與自我暗示造成。

大多數時候，自我設限就如同形影不離的殺手一樣，當你想釋放潛力時，它便出來大喝一聲，讓你退縮，讓每件事都不能發揮到極致，這樣累積起來，你的成功機率會越來越小，別人花一年達到的水準，你就需要五年。

自我設限對你來說就是一塊頑石，阻礙你前進，也就是說，讓你不敢去追求成功，因為你心裡默認了一個高度，這個高度常常暗示你：成功是不可能的。假設一下，如果有人肯定地告訴你，你能賺一千萬元，那麼你就不會給自己設定只賺一百萬元的目標；換言之，你有多大的野心就可能有多大的成就，如果你沒有野心，肯定不會有任何成就。

一位科學家做過這樣一個實驗：把跳蚤放在桌子上，然後一拍桌子，跳蚤反射地跳起來，跳得很高。然後，科學家在跳蚤上方放一塊玻璃罩，再拍桌子，跳蚤再跳就撞到了玻璃，跳蚤發現有障礙，就開始調整自己的高度。科學家再把玻璃罩往下壓，然後再拍桌子，跳蚤再跳上去，再撞上去，再調整高度。就這樣，科學家不斷地調整玻璃罩的高度，跳蚤就不斷地撞上去，不斷地調整高度，直到玻璃罩與桌子高度幾乎一樣，這時，科學家把玻璃罩拿開，再拍桌子，跳蚤已經不會跳了。

跳蚤之所以不跳了，並非喪失了跳躍能力，而是由於一次次受挫學乖了，牠為自己設限，認為自己永遠也跳不出去了。你是否也有類似的遭遇？生活中，一次次的受挫、碰壁後，奮發的熱情、欲望就被「自我設限」壓制、扼殺，你開始對失敗惶恐不安，卻又習以為常，喪失了信心和勇氣，漸漸養成了懦弱、猶豫、害怕等心理意識和習慣，這些意識漸漸地綑綁住你，讓你陷在自我的圈套裡無力自拔，久而久之，你就失去了熱情，再也奮發不起來了。

其實過多的顧慮是沒有必要的，人本身具有巨大的潛能，只要你勇敢地發掘，你就會發現，原來事情並不像你想像的那樣可怕，成功的大門是向所有人敞開的。

◎計劃比努力更重要

做任何事情，前期的計畫和準備都是必要的，有一個好的計畫，甚至相當於已經成功了一半。與男人相比，女人的青春年華更加短暫，想要在有限的時間裡實現目標，離不開正確的規劃。一個女人，想要成就一番不平凡的事業，和擁有一個成功的人生，必須要對自己的職業生涯有個合理規劃，因為，只有這樣你才會有一個堅定的目標，並且能夠揚長避短，朝著這個目標持續前進。

你一定要懂得規劃自己的人生，儘管最初，你可能預料不到以後的機遇，但你一定要清楚知道自己想要的是什麼。

你在選擇職業時，更要注意自己的人生規劃。俗話說：「女怕嫁錯郎，男怕入錯行。」部門也好，公司也罷，是否適合自己並非一眼就能看清楚，所以在選擇公司時，事先調查研究一番，再決定是否加入，是完全有必要的。

不過實際情況總不如想像的那麼簡單，有時候對可能符合條件的公司只能做泛泛的瞭解，尤其是對其公司的運作情況更是無從瞭解。在這些情況下，可以在試用期內從容進行觀察、瞭解，試用期內進行調查瞭解還是比較方便的，既可以透過觀察看到部門的運作情況、管理機制和效果，也可以直接接觸公司業務，從與主管的交談中瞭解其志向、興趣、素質及其他相關情況。

在你開始求職之前，你必須盡可能認真思考一下，知道自己對哪一類職務具有天賦，即使你的老闆尚未認識到這一點。你在選擇工作時，不僅需要知道自己有能力從事什麼樣的工作，也需要知道自己對哪類工作感興趣，只有將能力和興趣結合起來考慮，才更有可能取得職業生涯的成功。

◎培養辦公室好人緣

在辦公室裡，能否處理好與同事的關係，會直接影響你的工作。剛走進職場的年輕女性，建立良好的人際關係，得到大家的喜愛和尊重，無疑會對自己的生存和發展有很大的幫助，而且愉快的工作氛圍，可以讓人忘記工作的單調和疲倦，對待生活能有一個美好的心態。

能將魅力散發到恰到好處的女性，一般會受到同事的歡迎，會擁有良好的人際關係。想要掌握好與同事相處的藝術，精通與人溝通的技巧，你必須做到：

1. 不私下向上司爭寵：要是辦公室中有人喜好巴結上司、向上司爭寵，肯定會引起其他同事的反感，而影響同事之間的感情。如果真需要巴結討好上司，應儘量

邀同事一起去，而不要私下做一些小動作，讓同事懷疑你對友情的忠誠度，甚至還會懷疑你的品德，以後同事再和你相處時，就會下意識地提防你，就連其他想和你交朋友的人都不敢靠近你了。

2.**樂於從資深同事那裡吸取經驗：**在辦公室裡，那些比你先來的同事，比你積累了更多的經驗，有機會不妨向他們請教，從他們的經驗裡尋找可以借力的地方，這樣不僅可以幫助你少走彎路，更會讓公司的前輩們感到你對他們的尊重。尤其是那些資歷比你深，但其他方面比你弱一些的同事，會有更多的感動，而那些能力強的同事，則會認為你善於進取，便會樂於關照並提攜你。

3.**讓樂觀和幽默使自己變得可愛：**即使你從事的工作單調、乏味，也千萬不要讓自己變得灰心喪志，更不要與其他同事在一起抱怨，要保持樂觀的心境，讓自己變得幽默起來。因為樂觀和幽默可以消除同事之間的敵意，更能營造一種和諧親近的人際氛圍，有助於讓人變得輕鬆，從而消除了工作中的乏味和勞累，最為重要的是，在大家眼裡你會變得可愛，容易讓人親近。

4.**幫助新同事：**新同事對工作和公司環境還不熟悉，很想得到大家的指點，但有時因為和同事不熟，不好意思向人請教，這時，如果你主動去關心、幫助他們，在他們最需要你的時候伸出援手，往往會讓他們銘記於心，並在今後的工作中更主動地配合和幫助你。

5.與同事多溝通：在工作中不難發現，有的企業因為內部人事鬥爭，不僅企業本身傷了元氣，對整個社會輿論也會產生不良影響。為避免這類問題，無論自己處於什麼職位，都要與同事多溝通，因為個人的能力和經驗畢竟有限，要避免給人獨斷獨行的印象。當然，同事之間有摩擦是難免的，對一件事情有不同的想法，應本著「對事不對人」的原則，及時有效地調解這種關係，而此時正是你展現自我的大好機會。

6.適度讚美，不搬弄是非：若想獲得同事的好感，適度的讚美是必要的，這能在無形中讓同事增加對你的好感。但切記不要盲目讚美或過分讚美，容易有諂媚之嫌，同時，切忌對同事評頭論足、搬弄是非，要尊重個人的權利和隱私。如果你說了超越身份的話，很容易引起同事反感。

◎主動提報工作進度

上班族最大的苦惱，莫過於工作努力卻得不到老闆的賞識，尤其是職場女性，往往需要付出比男同事更多的努力才能獲得老闆的認可。美國人力資源管理學家科爾曼曾說過：「員工是否能得到提升，很大程度上在於老闆對你的賞識程度，而不在於你是否努力。」要想得到老闆的賞識，需要隨時向他彙報你的工作，即使工作沒有做完，也要隨時彙報進度，讓他知道你進行到哪一步了？有沒有遇到困難？及要如何解決。這樣，他就很清楚你為公司所做的貢獻。

有的人為了不給老闆添麻煩，遇到問題時自己就解決了，所以老闆就不知道發生過問題，更不知道你已經把問題處理了。那麼，你的辛苦不就「不見天日」了嗎？老闆主要是從整體上統攬全局並把握關鍵，而不是事事都要過問，更不會主動去關注每個人都做了什麼。在這種情況下，你一定要主動向他提報自己的工作進度，否則很容易被他忽略。

如果你總是在自己的崗位上勤勤懇懇地工作，卻沒有得到應有的回報，這是為什麼呢？可能是你從來沒有向老闆彙報過自己做了什麼，老闆當然不知道你曾經為公司出過多少力，解決過多少問題，所以，你在老闆的眼中是無足輕重的，遇到加薪這樣的事就不會考慮到你了。而且，就連同事都認為你的工作很輕鬆，那麼老闆是不是也這樣認為呢？試想，如果你平時就把自己的工作進度報告給老闆，也許狀況就會不一樣了。

職場中每個人所做的工作都不同，不同的工作有不同的特點，像銷售類的工作成果就很容易量化，像是每個月賣得多了或是少了，為公司賺了多少錢，一眼就看得清清楚楚，而有些工作則是雜亂無章，只有當事人自己清楚到底做了什麼，有多大難度，對公司的發展發揮了什麼作用。因此，只有你自己主動地用一種恰當的方法來向老闆報告你的工作進程、具體困難和解決方法，他才會意識到這段時間內到底發生過多少問題，你是怎樣處理的及處理的結果如何。

主動提報工作進度還有一個好處，那就是能夠及時修正自己的工作方向。有時候，主管交給你一個任務，但是這個任務以前沒有做過，有時連主管也無法具體描述他想要什麼，這時，你只有按照自己的理解一點一點去做，做好一部分就拿給主管看看，這時候主管就可以對下一步工作方向給予修正，但如果等全做完了再給主管看，萬一執行方向偏差了，就很可能落得吃力不討好。

◎適時加班，為自己加價

現在職場中，加班是再正常不過的事了，甚至成為很多公司一種不成文的規定，有人戲稱「朝九晚無」。從表面上看，主動加班是一種「吃虧」，因為它佔用了你的私人時間，但是，對公司來說，加班卻是一種貢獻，而你貢獻得越多，那麼得到的回報也會越多。《杜拉拉升職記》中的拉拉正是在工作需要時任勞任怨地加班，圓滿完成任務從而得到老闆的欣賞。

杜拉拉接受ＤＢ中國總部上海辦的裝修任務之後，工作任務大大的加重了。她一會兒找供應商談判，一會兒找ＩＴ經理研究裝修事宜，一會兒又黏著採購部的同事去採購相應的物品。杜拉拉每天都要加班到十一點以後，基本上都是最後一個離開辦公室的人，樂於加班的杜拉拉，終究沒有白白的付出努力，最後終於出色地完成了任務。

杜拉拉樂於加班，對工作不辭勞苦，她不但不抱怨上司李斯特強加給她的艱巨任務，反而以滿腔的熱忱投入到工作中，勤勞苦幹，是她成功的關鍵因素之一。反之，如果杜拉拉沒有充分利用起「業餘時間」，很可能完成不了這次意義重大的裝修工程，那麼，當然就不可能被總裁何好德、上司李斯特看重，也不會得到其他同事的讚賞，如此一來，升職路上的坎坷就更多了。

卡洛·道尼斯是世界知名的投資顧問專家，他最初為杜蘭特工作時職務很低，但現在已成為杜蘭特先生的左右手，擔任其下屬一家公司的總裁，他之所以能快速升遷，秘密就在於「每天多做一點兒」。

「在為杜蘭特先生工作之初，我就注意到，每天下班後，所有的人都回家了，杜蘭特先生仍然會留在辦公室裡繼續工作到很晚，因此，我決定下班後也留在辦公室裡。是的，的確沒有人要求我這樣做，但我認為自己應該留下來，在需要時為杜蘭特先生提供一些幫助。工作時杜蘭特先生經常找文件、列印資料，最初這些工作都是他親自來做，很快，他發現我隨時在等他召喚，就逐漸養成招呼我的習慣……」

道尼斯自動留在辦公室，使杜蘭特先生隨時可以看到他，並且誠心誠意為他服務。這樣做獲得了報酬嗎？沒有，但是他獲得了更多的機會，贏得老闆的關注，最終獲得了重用。

很多年輕人比較重視自我，講究生活品質，他們認為工作只是生活的一部分，生活中不應該只有工作，如果在下班後還要加班，就屬於無理要求了，他們往往不能接受。

人在職場，凡事不要太多考慮自己的感受，加班可能不是你所願意的，但卻符合老闆的心意。所以，滿足老闆的心意會讓他對你關注有加，同時，在加班的過程中，你可能學到更多有用的東西，進而不斷提升自己的實力。

◎你不是小紅帽，老闆也不是大野狼

小唐進公司兩年多了，一直沒什麼機會展現才能，她自己也很苦惱，好朋友幫她分析，認為是她懼怕老闆的心理造成的。

在公司裡，小唐總是很害怕自己的上司，不管是部門主管，還是行政經理，她幾乎都很少互動，更不用提和老闆說話了。一次偶然機會，小唐開會去晚了，整個會議室只剩下老闆旁邊的位置了，看著滿場同事的等待，小唐硬著頭皮坐到那個位置。整場會議下來，小唐不但精神高度緊張，甚至連動都不敢動，會後小唐長吁一口氣，覺得疲憊極了。

小唐這種心理，代表了許多身在職場的女性心理，尤其是剛入職場不久的女生。不過，即便你再靦腆，如果迎面碰上了頂頭上司，也一定要鼓足勇氣主動開口說話，不管出於什麼目的，和頂頭上司玩「躲貓貓」絕非明智之舉。要知道，他可是掌握你生殺大權的人，從任何角度來說，多和他溝通交流對你的職涯發展都是有益無害的。

因此，見到上司時你最好面露微笑、落落大方地和他打聲招呼，有機會的話，不妨多和他談談工作上的事情，讓他知道你的想法、看到你的努力，一來表示你很懂禮貌，二來說明你對工作很有心，三來他或許會提供一些不錯的建議給你。簡單說上幾句話就有這麼多好處，何樂而不為呢？

在工作中時常留意上司的言談舉止、行事風格，不僅可以減少無謂的摩擦，還能投其所好、進一步贏取上司的「芳心」。女人天生具有細膩、敏感、柔順的本性，職場女性何妨發揮一下你的這些本能，拉近你和上司的關係，讓他更清楚地看到你的能力，提供你更大更好的發揮空間。你可以這樣做：

1.**大膽地提出要求**：千萬不要以為主管會主動地注意你的需求，為你規劃升遷之路。其實，部門中人數眾多，主管很難顧及每個人的需求，如果你有很強的進取心，最好主動讓主管知道。除了直接向主管反映你在工作上發展的期望，還可以讓主管察覺你的晉升願望，如在開會時坐在「參與度高」的前段座位，並且積極的發言，提出有建設性的想法。

2.**踴躍發言**：在以男性占多數的職場中，女性的意見往往會被淹沒，女性應該堅信，自己絕對有發表意見的權利。發言前有所準備，有條理地陳述意見，並且言之有物，自然能表現出權威感，也較能在同事中被凸顯出來。

3. 大膽地推銷自己：在職場上，自我推銷是絕對必要的。在眾多同事中，如何讓老闆發現你的企圖心和專業能力，需要有一些主動的行為。即使主管沒有要求，也可以定期向主管報告工作進度，另外，當其他同事習慣性地躲著老闆時，主動與老闆攀談，會讓老闆留下積極、正面的好印象。

4. 敢於邊做邊學：與男性相比，女性往往容易退縮，對於未曾做過的工作總是顯得遲疑不前，也因此錯過許多表現的機會。而成功女性則不願錯過任何表現的機會，她們知道，對一件工作即使不是完全熟悉，還是可以邊做邊學，而且要充滿信心上場接受挑戰，即使做錯，也能得到寶貴的經驗，例如，當上司要給你升任主管的機會，不要以「我沒當過主管」的理由而退卻。順勢而為、隨機應變，是能否早日成功的關鍵之一。

5. 勇敢地擔起更多的責任：老闆最喜歡的員工是可以放心授權的「將才」，而不是畏畏縮縮、無法擔起大任的小兵。女性如果能夠「主動」要求上司授權，接下別人不敢接的工作，自然能得到更多的表現機會，而經過這些挑戰的洗禮，你就能累積職場經驗，並激發自己的潛能。

◎女怕嫁錯郎，也怕入錯行

職場女性往往承受著比男性更大的壓力，這不是因為女性的工作比男性更加困難和艱巨，而是女性在工作之餘還需擔任妻子、母親等角色。因此，女性在選擇職業時，要選擇適合自己、容易駕馭的工作，才能在工作與生活的天平上保持平衡。

你可以利用SWOT分析法，瞭解自己在哪一行業更能發揮自我優勢，有助於在擇業時找對方向，少走彎路。所謂「SWOT」是優勢（Strength）、劣勢（Weakness）、機會（Opportunity）和威脅（Threat）四個英文字首的縮寫，通過SWOT分析，我們可以明確地知道自己的優點和弱點，以及職業生涯中的機會和威脅所在。SWOT分析可以分以下四個步驟來進行：

步驟一：分析自己的優點和不足。用一張紙在正面列出自己的優點和長處，包括性格、技能、學習經歷等，越多越好，並對其重要性進行排序；另在反面列出自己的缺點和不足，同樣也是越多越好，也對其進行排序。排出你最強的五項優點和五項最大的不足，這樣你就可以對自己的優點和缺點有了明確的瞭解。

步驟二：進行行業分析和研究。根據自己的優點和缺點選擇一兩個你感興趣的行業進行研究，了解他們所面臨的機會和威脅，要選擇有發展前景的行業而不是那些夕陽產業，再者是選擇自己喜歡並且有「錢途」和「前途」的行業。做行業分析需要花大量的時間來搜集資料、整理資料，不過功課做得越多越深，對自己今後的發展也越有利。

步驟三：為自己制訂五年計劃。列出你最希望實現的目標，如職位、薪水、技能等，並通過這些目標來激勵自己今後努力工作，實現自己的目標。無論你希望達到什麼目標，都應該讓自己五年內在所在行業成為「專家」級的人物。

步驟四：制訂行動計畫。如果你五年後想成為什麼樣的人，那麼你四年的時候應該已經成為什麼樣的人並在做什麼？兩年的時候你應該已經完成了哪些目標？一年的時候你應該實現了多少行動計畫？半年的時候你在做什麼？一個月的時候你在為什麼而奔波操勞？你今天應該在做什麼？也就是說，宏偉的計畫和目標必須一步一步地積累才能實現，要把長期目標化為短期目標，只有這樣一步一步積累，五年之後你才能實現自己的計劃。

選對舞臺，才能更好地飛翔，而無論你選擇了何種行業，都需要掌握好專門的知識。當你選定了適合自己的優勢行業，加上自己的努力和聰明才智，就一定會取得成功。

02 職場如戰場，要小心前行

◎當心「職場友誼」的陷阱

很多女孩涉世不深，總希望在職場中有「貴人」相助，容易先入為主地把關心自己的人當成密友來看待，放鬆了應有的戒備，與對方無話不說，分享很多隱私，特別是對主管的不滿，甚至是對某位男同事、男主管的好感，殊不知，這正是職場中的大忌。

公司裡與同事朝夕相處，在一起的時間比家人還多，但是不要忘記，同事之間也存在一定的競爭關係，尤其是在績效考核、選拔晉升的時候，同事之間難免互相傾軋，往往，那些凡事對別人掏心掏肺的女孩子，很容易在這場戰役中敗下陣來。

有的女孩不信邪，認為自己行得正，不怕人家說閒話，與辦公室好友上班時合作無間，下班後一起逛街、看電影，關係貌似和諧，但是這種看似正面的朋友關係其實也潛藏著危機。你們一起工作、一起吃午飯、週末一同逛街，甚至擠在一起竊竊私語，自己是高興了，卻給別人造成困擾。因為你們的「友情」會影響他人的情緒，別人會猜測你們私下交談的到底是私事還是公司裡的秘密，久而久之辦公室裡就會產生一種不信任的氛圍，而這種誤解和猜疑的負面情緒在組織內部的傳播速度往往比正面情緒來得迅速。此類行為尤其容易給新同事帶來心理壓力，會讓新人感到自己被隔閡，融不進新環境。

同事可以一同吃喝玩樂，可以真誠相待，但不宜毫無保留，因為說不定哪天你們的位置和關係會發生改變，到時有些往事造成的影響就很難說了。跟同事交往必須在細節上保護好自己，對別人的私事瞭解得愈少，煩惱就愈少，而不與同事聊自己的私生活，也就保護了自己。

要想別人對你好，你首先要對別人好。老員工對新員工的指導應該是一種友好的幫助，不能總是居高臨下的指教；此外，還要有敏銳的觀察力，在什麼場合應該用什麼方式談什麼樣的話題都是很有講究的，不能僅憑自己想當然而行事。

不要過多談論他人是非，尤其不要談論上司和其他同事的是非長短，這本身也是人格品質的一種表現；不要搞小圈圈，如果成天只和特定的幾個人打交道，容易讓人產生「結夥」的印象；不要回避競爭，在職場，朋友之間也要把競爭看做是正常的、積極的、任何人都無法回避的客觀事實，因為競爭能提高工作效率，應該謙讓但不退讓，積極進行良性競爭。

總之，和同事交朋友的風險和好處如一體之兩面，掌握以上這些技巧，就可以在享受「職場友誼」的同時儘量把風險降低。

◎以「軟性對抗」拒絕辦公室性騷擾

年輕漂亮的女孩，身在職場，有時不免遇到性騷擾，面對這種情況，最大快人心的方法就是狠狠地甩出一巴掌以消心頭之恨，可是這一巴掌打出去雖然痛快，但升遷之路可能就跟著被打沒了，特別如果騷擾你的是老闆，那要在這家公司繼續待下去就更難了。因此，一旦遇到這類情形，要學著使用軟性對抗，既保護自己，又給對方留面子。

曉莉人長得漂亮，有許多追求者，部門裡就有一位男主管對她緊追不放，經常有意無意地騷擾她，這讓曉莉很頭痛，但礙於對方是上司，也不好太不給面子。於是曉莉想了一個辦法，每次這位男主管邀請曉莉去玩或者有其他事的時候，曉莉總是帶著朋友赴約，要不就是先找朋友到主管約的地方，然後假裝巧遇，大家一起玩，這讓這位男主管失去了騷擾她的機會；而如果是單獨赴約，曉莉總會提前告訴朋友在某一時間打電話給她。久而久之，男主管看曉莉沒想像中好親近，也就不再糾纏她了。

曉莉的高明之處在於她巧妙地運用了「回避」戰術，她並沒有與主管採取正面衝突，而是用一些小技巧來避開主管的騷擾，同時，也在暗示著自己對待此事的態度，最後主管知趣地離開了，這樣既保護了自己，也沒有得罪上司。

對於辦公室性騷擾，如果你不想把事情鬧大，那麼這種回避或暗示的「軟性對抗」無疑是最佳選擇。如果對方僅僅是口頭騷擾，你可以經常棉裡藏針地讓他明白你很鄙視他的這種行為，這樣他就會有所收斂；而對那些肢體上的騷擾行為，剛開始的時候你就要明確地告訴他離你遠一點兒，假如他仍然糾纏你，就暗示他如果不停止這種行為，你便要開始張揚了，這樣有利於你避開對方的騷擾。

除此之外，還可以向公司高層尋求保護，所謂「一物降一物」，你是他的下屬，他也是別人的下屬。找機會跟公司高層做個溝通，說說自己遭遇的煩惱，作為公司的高層管理者不會無動於衷的，即便被告發者是個公司不能或缺的業務高手，公司也不可能任由一個人就把整個公司的名聲弄垮。

◎和大嘴巴的同事保持距離

有作家將女人比作「廣場動物」，心裡憋不住秘密，一旦有煩惱的事情總喜歡向人傾訴，打聽到了什麼消息也樂於傳播一番。如果是東家長西家短倒也無傷大雅，若是身處職場，則應加倍小心，尤其是對大嘴巴的同事，一定要保持適當距離。

當別人向你訴苦，你應該既對他表示同情，又必須置身事外，切不可隨波逐流，鸚鵡學舌，人云亦云。詆毀別人，你不會得到任何好處，相反，你會陷入人際關係混亂的境地，因為沒有人敢和一個背後亂說他人壞話的人在一起，他們都會覺得這樣的人十分危險。

例如，同事與某人有嫌隙，指出對方凡事針對他，甚至誣告他。這時，你只需聽他吐苦水，切莫多問，避免參與孰是孰非的評判，做到平心靜氣地開導就行：「我看某人的心地不差，凡事往好處想，做起事來你會更開心的。」

要是對公司不滿，你的立場就要更加小心，不妨這樣告訴他：「公司的制度正在不斷改進，這次你覺得不公平，或許是新政策的過渡期，不妨跟主管開誠佈公地談一下，沒必要固執己見。」輕輕帶過才是上策。

如果有同事在你面前說別人的壞話，要切忌人云亦云，以訛傳訛。為什麼這樣說呢？首先你要明白，你所知道關於別人的事情不一定確鑿無誤，也許還有許多隱情你不瞭解，要是你不假思索就把聽到的片面之言宣揚出去，難免顛倒是非。話說出口就收不回來，事後你完全明白了真相時才後悔不已，但此時已經在同事之間造成了不良影響。

事實上，人與人之間的關係相當複雜，你如果不知內幕，就不可信口雌黃，以免招惹是非，特別是在公司裡，幾個人湊在一起閒聊，話匣子打開就很難合上。有很多人因為把持不住，喜歡說別人的壞話，而另一些人就會隨聲附和，甚至添油加醋地加以傳播，那後果將不堪設想。

同事是工作夥伴，不是生活伴侶，你不可能要求他們像父母兄弟姊妹一樣真正地包容你、體諒你。很多時候，同事之間最好保持一種平等、禮貌的夥伴關係，彼此心照不宣地遵守同一種「遊戲規則」，更多時候，你需要去體諒別人，站在同事的角度替他們想一想，也許更能理解為什麼有些話不該說，有些事情不該讓別人知道。

◎吃虧就是占便宜

職場中，同事之間難免發生誤會，當然偶爾也會有人故意作對，有意無意奚落你、挖苦你、譏諷你，面對這種情況，大多數時候可以用語言作「護身符」，築起防衛的堤壩，而應變能力佳的人，就能以智慧化被動為主動，視不同的來者選擇不同的應付辦法，使尷尬境遇煙消雲散。總之，寧願口頭上吃虧，也不要輕易和同事發生正面衝突。

如果你剛被提拔到主管的位置，有人對此揶揄道：「這下子你可平步青雲，扶搖直上了吧！」你聽了不必放在心上，可一笑置之：「是這樣嗎？你算得這樣準？」用這種不卑不亢的應對方法，能立即使對方語塞；相反，如果你過於計較，說出一大堆道理，倒顯得太小氣，反而適得其反。

假如有人以半真半假的口吻問：「你得了一大筆獎金，該『發財』了吧？」你可避實就虛地回答：「你也想嗎？我們一起來爭取。」語中帶點陽剛銳氣，別人再問，也不好意思了。

在辦公室這樣人數眾多的場合，還有個爭取群眾理解和支持的問題。若你回應得過於刻薄，必會引起一場爭鬥，那就會失去和諧相處的意義。比如，在一次演講中，台下有人喊道：「你講的笑話我不懂。」演講者知其來者不善，就馬上尖酸地當眾頂了回去：「你莫非是長頸鹿！只有長頸鹿才可能星期一浸濕的腳，到星期六才能感覺到呢！」這樣當面反唇相譏，講者雖然痛快，但有可能失去群眾。所以，一個人應該要有自我控制能力，要善於約束自己。因煩躁而失禮，憤慨而變態，興奮而忘形，這就有失修養了。

如果有人用過於唐突的言辭使你受到傷害，或叫你難堪，你應該含蓄以對，或採取裝聾作啞、轉移焦點等方法，談一些完全與其問話不相干的事，用這種委婉曲折的方法反駁對手，相信一定會取得奇特的功效。

英國前首相威爾森在競選時，演說剛講到一半，突然有個故意搗亂者高聲打斷他：「狗屎！垃圾！」顯然，他的意思是叫威爾森「別再胡說八道」。威爾森卻不理會其本意，只是報以容忍的一笑，安撫地說：「這位先生，我馬上就要談到您提出的髒亂問題了。」搗蛋者一下子啞口無言。

像故事中英國首相威爾森在遇到對自己不利的言語時，其機智地回敬對方，可以稱得上應對流言的經典。假如有人衝著你橫眉豎眼，惡語中傷地罵道：「你這個人兩面三刀，專門告我的洋狀，想踩著別人的肩膀爬上去，別想！」如果你心中無愧，完全不必大發雷霆，倒不妨解嘲地反問：「哦！是真的嗎？我倒要洗耳恭聽。」然後誘使謾罵者繼續說下去，直到對方無話可說，你再「鳴金收兵」。

當別人以言詞或行為挑釁你，你以溫文爾雅、彬彬有禮的方式笑迎攻擊者，顯然比暴跳如雷、大動肝火為好，而且也不失自己的風度。如果對方來勢洶洶，盛氣凌人，前來指責辱罵你，而你確信真理在手，你可以報以冷峻的笑顏，讓他盡情發洩個夠，而不予理會。有時沉默無言的蔑視，抵得上萬語千言。

◎別找藉口找方法

日常生活中肯定常會聽到類似這樣的說法：上班遲到了，會說「路上堵車」、「睡過頭了」；考試考不好，總說自己沒有時間復習，或者別人是得到老師的特別指點；生意失敗，就說對手太強，或是對手沒有採取正當的競爭手段。不在自己身上找失敗的原因，而是想方設法尋找為自己開脫的藉口，這樣的人是懦弱的，不敢為自己的失敗承擔責任，這不是一個成功者該有的做法和想法。

一次，美國成功學家戴爾·卡內基先生的夫人桃樂絲·卡內基女士，在她訓練學生記人名的一節課後，一位女學生跑來找她，這位女學生說：「卡內基太太，我希望你不要指望你能改進我對人名的記憶力，這是絕對辦不到的事。」

「為什麼辦不到？」卡內基夫人吃驚地問，「我相信你的記憶力會相當棒！」

「可這是祖傳的呀，」女學生回答她，「我們一家人記憶力全都不好，我爸爸、我媽媽將它遺傳給我。因此，你要知道，我在這方面不可能有什麼出色的表現。」

卡內基夫人說：「小姐，你的問題不是遺傳，是懶惰。你覺得責怪你的家人比用心改進自己的記憶力容易。你不要把這個『可是』當做你的藉口，請坐下來，我證明給你看。」

隨後的一段時間裡，卡內基夫人專門耐心地訓練這位小姐做簡單的記憶練習，由於她專心練習，學習的效果很好。卡內基夫人打破了那位小姐認為自己無法將腦筋訓練得優於父母的想法，那位小姐從此學會了從自己身上找缺點，學會了自己改造自己，而不是找藉口。

沒有任何人會欣賞一個整天不做事，還在為自己找藉口的人。通常藉口有兩種，一種是以自己正在做某種事情為理由，其實這稱不上是正式的理由，應該說藉口才比較準確；另外一種是假託的藉口，自以為無傷大雅，但是長久下去，當藉口已經化為你的「護身符」時，你距離失敗的人生就很近了。

習慣性的拖延者通常是製造藉口與託詞的專家，他們經常為沒做某些事而製造藉口，或想出各式各樣的理由為事情未能按計劃進行而辯解。「這工作太難了」，「客戶還沒給我回信」，「我忘了！」……，種種理由聽上去好像「合情合理」，但藉口不論多麼冠冕堂皇，終究還只是藉口。

有多少人因為把寶貴的時間和精力放在尋找藉口上，而忘記了自己的職責？喜歡為自己拖延找藉口的員工，肯定不是努力工作的員工，至少，是沒有良好工作態度的員工。他們找出種種藉口來蒙混公司，欺騙管理者，這是不負責任的作法，這樣的人在公司中不可能是好員工，在社會上也不會被大家信賴和尊重。無數人就是因為養成了輕視工作、馬虎拖延、慣於找藉口的習慣，終致一生處於社會或公司的底層，不能出人頭地。

讓自己做個「沒有任何藉口」的人，這樣你很快就會得到回報。在塑造自己形象的時期，我們要學會給自己加碼，始終以行動為見證，而不是編一些花言巧語為自己開脫。

◎頻繁跳槽是你履歷上的敗筆

經常性的跳槽者都有這樣的體會，剛開始接觸一份工作時會萌生出激情，隨著時間的推移，鬥志慢慢消磨，甚至產生膩煩情緒，於是想換個環境來改善。事實上，內心不改變，頻繁異動只會讓你跌入跳槽的惡性循環中。

關於跳槽，一位人力資源部經理說：「當我看到應徵者的履歷上寫著一連串的工作經歷，而且是在短短的時間內，我的第一個感覺就是他的工作換得太頻繁了。這樣頻繁『跳槽』的人，不能給人安全感和信任感。一個什麼工作都做不長久的人，讓人想到的不會是公司的問題，而是他個人的問題：第一，他的工作能力令人懷疑；第二，他對公司的忠誠度令人懷疑；第三，我不能肯定他會在我的公司做得長久。所以這樣的人，我們在面試時顧慮就比較多。」

跳槽存在著職涯的成本和風險。新公司是否有發展前景，到新公司後有沒有足夠的發展空間，新公司較高的薪酬是否會彌補原來的同事情緣等，在跳槽過程中，你必須考慮這些因素。這些問題沒有弄清楚就貿然跳槽，你就為自己的事業道路增添了更多的風險。

在人力資源經理的眼裡，頻繁跳槽成了履歷上的敗筆。選擇頻繁跳槽的人多是剛步入職場的新鮮人，在遇到工作障礙時，總把跳槽當作唯一的解決方式。事實上，不改變自己只變換環境，不可能讓你實現人生的願望。衝動跳槽是惡性循環的罪魁禍首，從實做中累積實力才是解決問題的辦法。

當你發現目前的工作無法實現你的人生理想，或者你的優勢得不到發揮時，理智地選擇跳槽會讓你找到更好的平臺。但是很多跳槽者根本沒有這些考量，他們在遇到問題時不考慮原因，也不思索解決的辦法，而抱著換個工作試試看的心理跳槽，這樣的選擇會帶來極大的風險。還有一些人只是因為薪酬的誘惑就選擇了跳槽，他們也忽略了跳槽的成本以及之後可能面臨的更大風險，其實折算下來，失去的遠比得到的還多。所以，跳槽之前請三思。

◎與上司關係再好，也要保持距離

幾乎每個女孩子都希望能在上司心裡留下好印象，也有很多人認為只要和上司像朋友一樣親密相處，自會於無聲處柳暗花明，然而，這其實是個錯誤的想法。雖然讓上司全面地瞭解自己，是員工升遷計畫很重要的關鍵，但是，無論什麼時候，上司就是上司，即使上司和下屬的關係很不一般，也不表示上司和下屬之間沒有距

離。畢竟你與上司在公司中的地位是不同的，這一點一定要心裡有數。

不要讓你與上司的關係過度私密，以致捲入他的私生活之中。過分親密的關係，容易使他感到互相平等，這是非常冒險的舉動，因為不同尋常的關係，會使上司過分地要求你，也會導致同事們的妒忌，可能還有人會暗中與你作對。

所以不論什麼時候，上司就是上司，即使你們的關係很不一般，也不意味著你對他可以沒有敬畏和恭維。然而，我們卻往往因為和上司走得很近，就忽視了這一點，從而影響了自己的升遷與發展。

雖然與上司親密會讓我們覺得前途一片光明，但如果處理不好，相反，有時會給我們帶來負面影響，如果你不分場合，一味地讓上司與自己「親密無間」，最後，這種關係不僅不能成為你在職場的保護傘，還可能因此斷送了工作前途。

升職、加薪，儘管這些都是靠你實實在在的努力和人所共睹的業績得來的，但是，因為你和上司不一般的關係，就會被別人說「一切皆靠拍馬屁得來」，你說氣人不氣人？

無論是在公部門還是私人企業，一個優秀的部屬都應該懂得自己與上司或老闆之間的差別，儘管有時你很受上司的賞識，是上司手下的熱門人物，但別忘了上司畢竟跟你不是一個級別的同事，你們的關係是主管與部屬。

你可以與上司關係和諧，但不必太過親近。這裡面有「分際」的問題，時刻記住與老闆的差別，讓自己像一個員工那樣行事，一旦越過上下級防線進入私密的領域，那麼你就要小心自己的前程與位子了。

◎人善被人欺

善良、老實是許多女孩的天性，但是善良和老實過了頭就會被別人當做軟弱，所以，要想在辦公室裡和別人平等，就不能太過老實，否則，你就會成為別人欺負的對象。隨著社會的發展，辦公室競爭日趨激烈，如果你總是以一個「弱者」的姿態出現在辦公室，不但不會引起別人的同情，相反，還會使每個人都往你頭上踩一腳。

辦公室是智者、強者的用武之地，卻不是老實人適合生存的空間。所以，請收起你的懦弱，藏起你的老實，勇敢地面對競爭吧！只有競爭，才有進步和發展，才能創造出更好的成果。既然競爭是必然的，是無法逃避的，因此我們要用積極的態度去面對。

忍讓是老實人最大的特點，它往往讓對方得寸進尺，直到令你忍無可忍。人的劣根性往往是得意忘形，哪裡有便宜就到哪裡去，誰好欺負就欺負誰，職場如此，人類社會亦如此，善良的人往往是被統治者。忍讓不是辦法，真正的辦公室生存法則是勇敢面對，從每一件小事開始做起，把握原則，堅持真理，杜絕邪惡，別讓對方的無理越演越烈，直到無法收拾的地步。

辦公室裡時常會出現「欺軟怕硬」的現象，如果過於老實，你的前程將會出現很大的危機。在上司眼裡，一個連自我都保護不好的人，肯定無法勝任重要部門的工作或擔任主管職位，所以說，怎樣才能不致因老實而成為受人欺負的對象，是一門現代辦公室生存的顯學。

有人之所以受到欺負、刁難，往往是因為自己軟弱或辦事能力較差所致。要改變被人欺負的情況，必須要強硬起來，與欺負你的人對抗，除此之外，提高自己的辦事能力也是有必要的。這樣，那些原來欺負你的人就會收斂起來。

有些人認為「吃虧就是佔便宜」，吃點小虧沒什麼，用阿Q精神來安慰自己，但是，在奉行弱肉強食的辦公室，這種想法可行不通。你應注意自身修養，要做到勝任工作，守信用，不以個人情緒來左右工作，腳踏實地去工作。進攻才是最好的防守，一味忍讓，苦守在自己的城堡裡，總有一天會被敵人攻下，對付敵人唯一的辦法就是主動出擊，打敗敵人，才能做到真正的防守。等你在辦公室樹立起你的尊嚴，展現出你的魄力，你就不會是一個人善被人欺的受氣包、出氣筒，而會成為上司眼中極具潛力的人，你的前途自然也就不可限量。

◎別找公司裡的人吐苦水

女孩子遇到問題和難處時，都希望身邊有一個可以傾訴的對象，尤其是剛入職場的女孩子，當面對孤獨和難處，需要更多的理解和安慰。雖說每個人都想傾訴自己心中的孤獨與憤懣，但是在傾訴時得找對場合及對象，公司裡不是吐苦水的地方，小心你說過的話會一傳十，到時，你的處境就會更加困難。

每個人在職場中的角色隨時都在變動，今天是患難之交，明天可能就是競爭對手，當初推心置腹的一番話，很可能成為被人利用的把柄。想吐苦水，最好找身邊親朋好友，以免因為利害衝突，導致說過的話被加油添醋傳出去。

不過在職場上並不是什麼都不能夠說，該發表意見時，一定要陳述自己的想法，且要適時發表想法，否則會被誤解為居心叵測；有些時候，也可談談自己生活

上的趣事，讓人覺得你個性隨和，平易近人，更容易與人打成一片。口舌是決定職場上人際關係是否成功的關鍵，所以要謹言慎行。說什麼、對誰說、怎麼說，都需要認真學習，成功人士就是你的榜樣，看看他們是怎麼做的很重要。

同事之間有幾類不能說的事情，你一定要記在心裡。

1.有關個人隱私：比如夫妻問題、私生活等，這些事情很敏感，很容易在與別人產生衝突時，被對方拿來歸罪於個人品性問題。

2.有關公司忌諱的話題：例如公司機密、薪資問題，這些重要問題多數公司明文規定不能外洩。如果你洩露了這些消息，不但在公司裡待不下去，很有可能在整個行業也待不下去。

3.有關個人與高層主管的恩怨：有恩容易遭嫉，有怨或許會被有關人士拿去炒作，都會傷害到自己，應該儘量避免提及，如果實在難以避免，也要婉轉些。

如果不小心說了不該說的話，當時以及事後要積極補救。儘管吐苦水可能帶來多種負面影響，但吐苦水其實也是緩解不良情緒，提升工作績效的好方法，在相互傾訴中有利於恢復原來的精神狀態，工作更有效率，並且很多人在和朋友互相吐完苦水後，就會找出幾種可能的解決方法，等到真正實行後，再跟對方一起檢討是否成功。

如果找不到這樣的朋友，那也要十分細緻地挑選傾訴心中不滿情緒的對象，至少要找價值觀與想法和自己相似的人。無論如何，說任何話前，最好想清楚後果是什麼，也要想清楚什麼話當說，什麼話不當說，什麼話只說一半，什麼話打死也不能說，因為每個人都要為自己說過的話負責。還記得《花樣年華》中梁朝偉對著樹講自己心中的話嗎？如果你實在找不到傾訴對象，那就也找一個像樹一樣不會洩露你秘密的人向他傾訴。

◎當輕熟女員工遇到熟女上司

小雅美麗大方、活潑開朗、衣著光鮮、頭腦敏捷，在辦公室裡既能活絡氣氛，又能創造業績，按常理應該是大家爭搶著要用她才是，可是事實卻讓人大感意外，她竟然沒有通過試用期就黯然離職了？在為她扼腕嘆息之餘，不妨想一想是什麼造成了她的不幸。

故事的真相是小雅的部門主管葛姊用各種方式讓小雅難受，以及最後以不太公平的方式將其解雇。

作為辦公室裡的主管，同時作為女性，葛姊自然希望自己是辦公室裡的主角，大家的目光能緊緊地追隨她，只有這樣她才感到安全，才能體會到權力帶給她的樂趣。同時，身為四十多歲有點年齡壓力的職場女性，她更願意別人欣賞她的內涵和能力，而迴避長相、穿著、化妝等敏感話題。也許你會認為這是一種虛榮，但是身為管理階層，這種虛榮必不可少，但是小雅不明白這種心理，在葛姊面前大肆顯露自己的年輕和時尚，絲毫不收斂自己的青春魅力，而且成功網羅了辦公室裡男女同事的好感和尊重，所以這一切對身為主管的葛姊來說就是一種威脅。

也許你會說這都是些無關痛癢的小事，沒必要非把人逼走，但是很多女性最在意的恰恰就是這些小事。心理學家研究顯示，在傳統觀念裡，女性是相夫教子的角色，很少能在事業上獨當一面，因此，當女性好不容易升上主管職之後，她們很可能將管理的角色放大，以抵抗社會偏見。在這種情況下，她們往往要付出更多的努力，在認知上也更希望得到別人的認同，因此在工作中常表現出更愛面子，也更計較得失，控制欲更強，對制度更加偏愛，對別人的意見也更敏感，同時，與生俱來的女性特質讓她們更注重細節，比較關注瑣碎的事物。

懂得女上司的心理，在交往中才能從細處著手。照顧好了上司的情緒，也是照顧好了自己的工作前途。

既然女上司看重員工在細節上的表現，那麼重視各項細節就是很必要的。從穿著到處事，從言行到態度，要面面俱到，特別是年輕漂亮的女部屬，更要弱化自己的年齡優勢，即使別人表現出對你衣著和相貌的誇讚，也要婉言謝絕：「其實女人的外表實在是無足稱道，只有她的智慧和能力才值得尊重和讚美。」在穿著方面，如果上司比較樸素，你也儘量穿得樸素一點，太豔麗的裝扮會引發女上司的防禦心理，並且穿衣風格過於怪異有可能讓人對你的工作能力產生懷疑。

除了注意細節，在互動上也需要注意。女上司對來之不易的領導尊嚴都有保護傾向，並且她們更喜歡以等級制度的形式來展示這種領導優勢，所以請記得給女上司足夠的領導尊嚴和優越感。比如公司聚會時主動敬酒表示尊敬，遇到生活上的困惑也可以向她求教，請她幫忙出主意，以表示你對她的信任。

只要摸清了女主管的脾氣，順著她的心理需求行事，就會發現女主管其實也沒有你想像中那麼難對付。只有處理好跟上司的關係，才能讓自己的前途、事業不被職場冷暴力凍住。

◎築起與異性上司之間的防火牆

大多數主管都有自己獨立的辦公室，因此，這個辦公室也會帶上幾分個人空間的色彩，所以，女性下屬在與上司接觸時，需要注意保持彼此的距離感。當你要去主管辦公室談公事時，一定要光明正大，與同事打個招呼，必要時還可拉一位同事一起去，這樣，別人就不會有所猜疑了，上司自然也不會生出什麼不好的想法。

而職場裡最忌諱的是偷偷溜進主管的辦公室。說實在的，要想人不知，除非己莫為，你每次出入不可能沒人看見；另外，這種看似「做賊心虛」的做法，只會給自己添麻煩。所以，女性下屬與上司相處一定要公開、大方，儘量使自己與上司的關係處在眾人目光的監督和保護之下，從長遠看，這會有利於自己的發展。

另外，女性在工作中，一定要慎與家庭不和的主管互動，勿輕易對其表示同情。家庭不和、夫妻反目成仇，勢必造成雙方的煩惱與痛苦，這時若有未婚或已婚年輕者出於同情而和異性上司頻繁交往，肯定會影響工作。

例如當上司藉故邀約你，你可以裝傻問他：「你太太也一起來嗎？」或者，表示高興：「噢，好的，順便介紹你太太給我認識吧！聽說她廚藝非常好。」有些男人會不避嫌疑，來一招直接邀請，你也不妨大方答應，但赴些小約，如午飯、下午茶之類，另外，要藉故取得上司家中的電話號碼，在必要時打電話給他太太，與她交朋友，讓別有用心的上司不能得逞。

其實，你平日留心一點，當上司的太太打電話到公司時，你可以藉故認識她，找她做擋箭牌。作為女性的你，既然要與男人爭一日之長短，就要有心理準備，不論在工作上或工作之外，都得應付那些喜歡占女同事便宜的男人。「有這樣漂亮的助手，難怪你老闆永遠笑口常開。」對付客戶的不尊重，不妨還以顏色：「有你這樣大方的客戶，老闆才真正笑得開心。」保持你不可侵犯的形象，別人就是要佔便宜，也不會找上門來。

一方面要敢於反抗性騷擾，另一方面，也不要搞得草木皆兵人人自危，要善於區別什麼是不懷好意的騷擾，什麼是出自善意的關愛，以免把局面弄僵。

面對步步緊逼的男性同事，切記，你的遷就會讓他壓抑的「色心」順理成章進步成「色膽」。一般情況下，如果那個人真的對你有情，他就不會太絕情，打擊報復的事情基本上不會做，如果原本就是一時興起的糾纏，他更不會用心太久，所以猶豫和半推半就，會給自己的將來留下隨時可能引爆的炸彈。

最重要的是，當你心裡有了一個不能告人的秘密，將是個極沉重的負擔。這種不能示人的關係沾染越多，心裡的負荷就越大，與其擔著不貞、不潔的風險，不如乾脆選擇拒絕，才能讓自己專心在工作上心無旁騖。

◎千萬別沾惹公司裡的男人

電影《杜拉拉升職記》中，拉拉剛進公司，海倫就告誡她，公司有兩樣東西是千萬不能動的，一是公司的錢，二是公司的人。果然，海倫因為無意中把自己和同事的親密照片洩露了出去，慘遭辭退。

辦公室戀情雖然是兩個人的事，但是無數的經驗告訴我們，在這件事情上，受傷的往往是女人，很多公司都有這樣的政策，兩個人當中必須走一個，多半走的那個人都是女人。因此，想在職場有所作為的姊妹們，最好躲開辦公室戀情，一心一意把辦公室當成戰場，情場還需另闢。

西方職場心理專家把辦公室戀情比作「近親結婚」，浪漫卻不切實際，而且後果嚴重。據統計，辦公室戀情，三十四%分道揚鑣，五十二%選擇一方或同時離開公司，剩下十四%表面上毫無動作，但他們中的任何一個在三年內升遷的可能性只有二十二%。

辦公室畢竟不是戀愛場所，辦公室愛情也有它自己的法規。如果你和同事確實兩情相悅，而你的公司又沒有禁止這種情況發生，那麼無論從愛情還是事業的角度，這都是一件好事；可另一方面，一旦你們處理不好這種關係，就會產生感情上的麻煩，甚至引發法律糾紛，如此一來，會嚴重影響你的工作。此外，愛情並不總是一帆風順的，有時愛情已經結束，兩人卻不得不繼續在一個空間裡工作，這是最讓人難堪的事，不僅當事人感到不自在，其他同事的情緒也會受影響。

美國人力資源管理協會前任主席兼首席執行官海倫・德里南認為：「異性同事之間產生戀情是極其自然的事。」所以，在工作場所中尋找伴侶是完全符合邏輯的，一項針對全美範圍內一千名公司職員做了調查，結果顯示，四十七％的人曾經有過辦公室戀情，而十九％的人如果有機會也願意嘗試辦公室戀情。

但是，當愛情不可避免的時候，規範雙方的行為有助於降低危險發生的機率。當你不清楚狀況的時候，就老老實實按照公司的規定行事，越謹慎越好；同時，還要留心別讓愛情影響了你的工作效率。

不要有明顯的示愛舉動，比如接吻、牽手、互相凝視，即便在通往辦公室的路上或是在電梯裡，也應避免這樣的情況發生。如果你的戀人是你的主管或部屬，應該盡力避免偏袒的嫌疑。應該學會未雨綢繆，一旦愛情冷卻且不能再和昔日戀人共事，你要能夠全身而退。

如果避免不了辦公室戀情，也一定注意，公司裡有些男人是千萬動不得的。

1.年長的上司：這些男人大都已經結婚了，就算你認定他是你的真命天子，你也不能輕易走近他們的身邊。在世人眼裡，你們的戀情是不道德的，不僅會傷害到三個人，而且你肯定會被人當做「為權勢可以付出所有」的卑劣女人。

2.被孤立的男人：當男人被孤立，他所要找的並不是戀人，只是因為太過孤單想找一個人陪伴他，因為辦公室裡誰都不願意理他，這時女性是很容易心軟的。你絕對不能在這個時候混淆憐憫和戀愛，並且這時候你很難得到真正的愛情。

3.風流的男人：如果剛才給你拋媚眼的男人在十分鐘後又對著其他女人說肉麻的話，而你卻愛上他，那最後傷心的人肯定是你。

4.有「大嘴巴」稱號的男人：這是指把所有事情都會拿出來說的男人，比如你們的交往經歷、接吻的時間等。遇上這種男人，結果很可能是你已經什麼隱私都沒有了，然後連公司都沒臉再待下去。

◎擅自作主會讓你成為上司的眼中釘

在不該說話的時候說話、不該做主的時候做主，是剛入職場的女孩常犯的毛病。上司永遠是上司，即使是多小、多不重要的事，也要讓他定奪，因為這是你對上司的尊重。你必須知道，無論你幫老闆管了多少事，大小事情還得由他來做主。

老闆就是老闆，部屬就是部屬，不要自以為聰明，不自作主張，這是你在處理公司事務時起碼要做到的，而要想在這一方面做得更好，你還需要做到遇事時多和主管商量，多讓主管裁奪。

你有沒有常常向上司詢問有關工作上的事，或者是自己的問題？有沒有跟他一起商量？如果沒有，從今天起，你就應該改變方針，儘量詳細地發問。部屬向主管請教，是理所當然的，有心的主管都很希望部屬來詢問，這樣表示他被尊重，另一方面，部屬在工作上不明之處多提問，這樣能減少錯誤，上司也才能夠放心。

如果員工假裝什麼都懂，一切事都不想問，上司會覺得「這個人恐怕不是真懂」而感到擔心，也會對你是否會在重大問題上自作主張而產生疑慮。在作重大問題決策時，你不妨問問上司的意見，這樣不管功過如何，你都不需獨自承擔。

上司反感下屬的自作主張，其實不在於他擅自決定給工作帶來的損失，上司心中真正在意的是下屬越權行事的行為，以及這種做事風格所反映的態度。因此，工作中要多與上司溝通，讓他為你出謀劃策，假使你有迷惑不解的事，可以儘量向上司提出。儘管你並不會真正聽從上司的意見，但這樣做卻會使上司產生「他什麼事情都聽我」的心態，認為你在什麼問題上都會重視他的意見，在工作上也不會私自越權決策，可以為你以後難免犯一點小錯誤，打下信任的根基。

要牢記：上司永遠是決策者和命令的下達者，無論我們有多大把握相信自己的判斷力，無論你代替上司決定的事情有多細微，都不能忽略上司同意這一關鍵步驟。否則，當上司意識到本應由自己拍板的事情被屬下越俎代庖，他所產生心理上的排斥感和厭惡感，以及對於下屬不懂規矩的氣惱，足以毀掉你平時小心經營，憑藉積極努力所換來上司對你的認同。

◎八卦止於智者

精於職場人際互動的人都知道「聰明難，而糊塗更難」。有的女孩子是「直腸子」，心裡憋不住半點事情，還總想探聽點同事、上司的八卦，沒事就三三兩兩湊在一起聊八卦，要知道，緋聞女孩只在電視劇裡受歡迎，職場裡卻是最不討喜的角色。

多聽多琢磨，少說少議論，不傳小道消息，是所有職場人必須遵守的潛規則之一。但女人生來就是心直口快，肚子裡存不住話，很多時候你不是惡意的，甚至完全沒有思考，可是一不小心就說了不該說的話，被別人記恨在心裡。

隱私、薪水和人事變動是女人最愛打聽、最愛傳播的，而正是這三件事情是同事間最不該議論的「禁區」。

先說隱私。有很多女孩進入職場後並沒有改掉這種習慣，還像在學校一樣信口開河。據非正式統計，有四分之三的老闆有「豎起耳朵聽員工閒聊」的習慣，那麼，在員工中間安插眼線的就更多了！

有的人在你面前痛斥別人的不是、猛誇你的長處，從你這兒一轉身，他就會把同樣的話重講一遍，當然，這回「不是」的就換成你了。所以切記，別人的是非萬萬不能說，實在憋不住，就對著牆、對著鏡子說去！

其次是薪水。現在很多人在網上「曬」薪資，彷彿大家對薪資的事情已經不像以前那麼敏感了，其實不然。在一些大公司薪水是公開的，每個人都知道其他人的薪資，但是在大多數企業，薪酬是保密的。有的企業明令禁止員工互相打聽收入或公開自己的薪資，有的甚至要求員工在相關保密條款上簽字。但是，世上最管不住的就是嘴，無論規定多麼嚴格，要大家私下裡不交流，很難做到。如果你夠聰明，就需要多個心眼，如果有人問你，能混就混過去，特別是老闆額外幫你加薪、發獎金之類，你到處嚷嚷，以後就別再想有第二次了。

再是人事變動相關事宜。凡部門裡有人事方面的變動，不可能不傳出小道消息，正式的決定還沒出爐，漫天飛舞的各式版本已把人攪得像霧裡看花。

「我只告訴你一個人」，這句話真是太耳熟了，然而，一旦誰說出一個秘密，就不要幻想它不被傳播。在沒弄清事實真相時，傳播者往往會按照自己的理解加以詮釋，事情也會因此漫天擴散而變形。這導致的最直接結果就是人心浮動，工作效率降低。所以，老闆最痛恨那個傳播小道消息的人，如果事態嚴重，老闆是不會輕饒他的。

聰明的女孩千萬不要逞一時之快在同事面前嚼舌根，要知道，世界上有兩樣東西是收不回的，一是潑出去的水，二是說出口的話。凡事潔身自好，遇事三緘其口，這是贏得老闆信任的重要方法之一。你知道了一些內幕，卻口風緊、不外洩，時間長了，你就是老闆跟前的紅人了。

◎為你的職場形象披一件高級外衣

職場中，人們常將一個人的外表與他的實際能力聯繫在一起。有時一個人的內在很專業，而外在卻不夠專業或者毫不在意，都會直接影響到別人對他能力的肯定。如果別人對你的形象有不信任感，那你就很難改變他們對你的認知。

每個員工都代表著公司的形象，莊重正式的穿著會顯得他們更加專業，從而讓人自然地對他們產生一種信任感。另外，作為公司的一份子，你的形象就是公司的形象，代表著公司的面子，所以穿著的第一個規則就是整齊順眼，以「不修邊幅」的形象跟別人交流，誰都會心存戒備，任何事情也不會成功。

如果想讓別人相信你，那你就要讓自己的形象變得和團隊生活所要求的相符，這樣才能讓你的觀念進一步被接受。那麼，這件「高級外衣」需要哪些要件呢？

1. 親切的表情：深諳形象管理的人不會簡單地用虛榮和奢侈包裝自己，而是隨時給對方足夠的誠意和尊重，讓對方留下深刻的印象。和俏麗的外表、華麗的服裝、貴氣的香水味相比，親切而有個性的面部表情、能看到真心的清澈目光、充滿自信的手勢和姿態、足以承擔重任的信任感，後者帶來的效果會更加明顯，這也屬於正確的形象包裝策略。

2.明媚的笑容：做生意的人有這麼一句話：「沒有笑容就別想開門做生意。」生意人推銷商品，我們每個人也在職場中推銷自己。無論你多麼年輕或擁有多麼漂亮的姿容，如果總是鬱鬱寡歡或容易生氣，那你的形象無論如何也好不起來，記得臉上時時帶著笑容，好人緣就會緊緊地跟著你。

3.提前二十分鐘上班：只有提早上班，才有餘暇在開始工作之前神清氣爽地招呼別人，當你習慣了和同事打招呼時帶著明亮的心情和親切的笑容，那麼在與客戶見面時也會自然地展現發自內心的笑容，這種笑容包裝屬於帶動型，能讓你的生活也跟著改變起來。

4.保持自信：女人因自信而美麗，那也是最感染人的魅力。當你認為自己很美，動作也在舉手投足間盡情顯露優雅的時候，你就會成為真正的「萬人迷」。不論你穿著多麼華麗的衣服，畫上多濃厚的妝容，你都不該忘記包裝自己的心靈和儀態，通過它們向別人展示出你的自信人生。

5.發自內心的語言：一句真心話，遠比用華麗辭藻修飾的詞句更能讓人感動，而且你不會因為覺得自己言不由衷而感到不安。

6.果斷地拒絕：如果別人請你幫忙的事超過了你的能力範圍，那你就應該立即拒絕，果斷的風格才不會讓生活被精神壓力壓垮。不過在拒絕時應該表達出你的歉意，禮貌地回絕對方。

7. 多使用親切的語言：「這個想法真不錯」、「果然還是前輩厲害」、「有沒有我可以幫上忙的地方？」、「多虧了XX，他真的很有本事」，這些語言都會讓人覺得親切隨和，不僅會讓聽者感到高興，而且還可以培養你積極表達的習慣。

◎與同事可「同流」不可「合污」

女生都喜歡「拉幫結派」，上廁所、逛街、吃飯……當然，在辦公室也有這樣三五成群的小圈子，只不過它們不再是那麼簡單。

也許你過去一直生活在自己的世界裡，當你進入職場，突然被推到一群陌生的同事當中，你就面臨一個艱難的選擇：是保持自己的個性，還是儘快融入另外一個陌生的環境？你可能會覺得與其跟一堆無趣的人混在一起，還不如堅守自己的風格，於是你堅持「三不原則」，即不和同事做朋友，不和同事說知心話，不和同事分享秘密，於是你與同事的關係越來越疏遠，而且你漸漸發現，自己的工作越來越困難，雖然自己誰也沒得罪，可一些負面風評老是跟著你。

因此，作為職場中人，不管你情不情願，你必須與辦公室那些小圈子裡的人「同流」，即使看不慣同事之間的小圈子，你也得習慣與這種小圈子打交道。當然，「同流」也不是沒有原則的：一是你不能對不是圈子裡的同事採取排斥態度，真的「拉幫結夥」；二是如果這個圈子真的開始「結黨營私」，牟取私利的話，你就要與他們保持一定的距離。

要加入一個已經形成的小圈子，首先，你應該建立並流露出自信。你可以邀請圈子裡的主要成員吃午餐，偶爾和他們一起去喝咖啡，然後，去找你的老闆，要求與這些成員合作一個專案。但是請務必記住，不要表現得太急不可耐、太愛出風頭，否則你會一無所得。

如果這個圈子的成員欺負作為局外人的你，你就要盡可能用平緩的語氣把這個問題向老闆反映，詳述這種情況對工作造成的不利，千萬不要以一種受害人的姿態來陳述你的境遇，如果你提到自己在感情上受到的傷害，那麼，你在老闆心目中的地位將受到質疑。

◎建立自己不可替代的地位

西班牙著名的智者巴爾塔沙．葛拉西安在其《智慧書》中告誡人們，在生活和工作中要不斷提升自己，讓自己成為團體裡的「限量商品」，使自己變得不可替代。讓團體少了你就無法正常運轉，這樣你的地位就會大大提高。

確實如此，如果一個員工能讓老闆珍惜自己仿若「限量商品」，那麼她在公司中將變得不可替代。比如在公司裡你能勤動腦，以戰略的眼光去思考企業的發展，不斷尋求企業新的突破點，不斷開發新產品，開拓新市場，把握住企業的目標，努力幫公司「做對的事」，那你一定會成為公司裡的棟樑，那時還愁沒有升職加薪的機會嗎？

一位成功學家曾聘用一名年輕女孩當助手，替他拆閱、分類信件，支付女孩的薪水與相關工作的人相同。有一天，這位成功學家口述了一句格言，要求她用打字機記錄下來：「請記住，你唯一的限制就是你自己腦中所設立的那個限制。」

她將打好的文件交給老闆，並且有所感悟地說：「您的格言令我大受啟發，對我的人生很有價值。」

這件事並未引起成功學家的注意，但是在女孩的心目中卻烙上了深刻的印象。從那天起，她開始在晚飯後回到辦公室繼續工作，不計報酬地做一些並非自己分內

的事，譬如，替代老闆為讀者回信。

她認真研究成功學家的語言風格，以至於這些回信和老闆一樣好，有時甚至更好。她一直堅持這樣做，並不在乎老闆是否注意到自己的努力。終於有一天，成功學家的秘書因故辭職，在挑選合格人選時，老闆自然而然想到了這個女孩。

在沒有得到這個職位之前，女孩就已經身在其位了，這正是她獲得這個職位的最重要原因。當下班的鈴聲響起，她依然坐在自己的位置上，在沒有任何報酬承諾的情況下，依然刻苦訓練，最終使自己有資格接受這個職位。

故事並沒有結束。這個年輕女孩的能力如此優秀，引起了更多人的關注，其他公司紛紛提供更好的職位邀請她加入。為了挽留她，成功學家多次提高她的薪水，與最初當一名普通速記員時相比已經高出了四倍。對此，做老闆的也無可奈何，因為她不斷提高自我價值，使自己變得不可替代了，老闆不得不像珍惜「限量商品」似的珍惜她。

對職場女性而言，如果希望求得個人的不斷發展，提高自己的身價，只有不斷地替自己充電，提高自身的競爭力，只要你堅持付出，就一定能看到成果。

◎不要動不動就請假

請假對員工而言，是常有的事情。請假的方式和頻率，往往也成為公司評價你的重要依據，老闆將以此評定一個人的工作態度，進而直接影響到你的考核成績。無論如何，不可肆無忌憚想請假就請假，要多為老闆和公司設想，動不動就請假，當心留下不良記錄，職場麗人千萬別小看了你的出勤率。

永遠別把請假當做一件無足輕重的小事對待！那種總愛說「我真的有事，要扣薪資就扣好了」的員工，無論到哪個公司，都不會有老闆欣賞的。「我常缺勤，可我有才能！」不要妄想用這樣的語言應付老闆，要知道，缺勤請假可是升遷路上的一大障礙。也不要隨便找個藉口就去找老闆請假，比如身體不好、家裡有事、孩子生病……這樣次數一多，任何一個老闆都無法接受。

只要一有事，哪怕是一件微不足道的私人小事就請假，還自我安慰說：「反正我把工作做完了，就算今天不去上班，明天我會多做一點的，沒什麼大不了。」那就會給你的日後造成麻煩，甚至嚴重影響你的個人前途。

其實老闆並非不准員工請假，人吃五穀雜糧，誰都難免要生病；或因為現在社會人際關係複雜，臨時有事也同樣不能避免，但在工作繁忙的情況下，老闆不喜歡員工常請假，這種心態也是無可厚非的。

在現今的公司制度之下，因為分工的實行，個人應該分擔的責任相對地減少，但正因為分工很細，你一旦離開工作崗位，很可能影響到整個團隊工作的繼續，如同一個鏈條一樣，需要各個崗位的配合才能順利完成。

當老闆在評價兩個實力相當的員工，以及決定給他們獎賞和升遷時，有很多指標都是模糊的，最後他們的出勤狀況就有可能作為衡量指標之一。經常缺勤請假，從某種意義上說明這個員工缺乏忠誠敬業精神，這樣必會給老闆留下不良印象，所謂「種瓜得瓜，種豆得豆」，我們今天的狀態都是對昨天的所做所為負責而已。想在職場提升自己的麗人，千萬要關照好自己的出勤率。

◎巧借女性特質往上爬

女人一向被教導要做個「有魅力的女人」，只要有魅力，即使不是美女，依然有著動人的「姿色」。那麼，在職場中，女性怎樣巧用自己的「姿色」獲得同事的喜歡、上司的器重，在職場升遷的路上為自己增加籌碼呢？

1. **和男同事建立友誼：**讓男同事注意你，甚至喜歡你，絕對好處多多。當他們喜歡和你在一起時，你在工作上的各種困難，自然就會有人主動幫忙。不過，不是要你沒事就和男同事打情罵俏，而是要你保持幽默感，臉上時時帶著笑容，讓男同事瞭解、欣賞你的魅力。

2. **恰當的打扮，引起上司注意：**如果你想大顯身手，必須爭取主管的支持，以及老闆對你的注意。如果你的主管、老闆都是男性，要吸引他們的注意，除了具備扎實的專業知識和出色的工作能力之外，合適的穿著絕對能引人注目。不過切記，你的目的是要他們欣賞你的穿著品味，並認真看待你的工作能力，而不是要他們把你當做性感尤物，或是對你產生非分之想。

3. **以溫柔幽默的話語化解男性的剛烈個性：**女人嬌媚和溫柔的特質，在面對衝突時是最好的潤滑劑。當你和辦公室的男同事意見不一致時，先別急得吵得臉紅脖子粗，應該保持風度，維持笑容，氣定神閒，甚至不惜擺出一副低姿態化解僵局。記得，大部分男人都是吃軟不吃硬的，當你擺出願意妥協的姿態時，他往往會先軟化，妥協得比你更徹底。此外，女人應培養幽默感，因為適度的幽默不但可化解僵局，也可以消除雙方的緊張和壓力。

4.噓寒問暖贏得信任：職業女性要想獲得不錯的影響力，就必須做到自己擺正位置，以誠待人、以情動人、以誠感人，加強與同事之間的交流和溝通；對待持不同意見者，不能採取高壓政策，而要善於聽取他人意見，廣納建言，而當你能在公司裡善解人意、豁達開朗，各種善意回報將隨之而來。

作為職場女性，如果想要成就一番事業，千萬不要被男人看穿了你的底牌。當你身心不堪重負，悲傷、焦慮、恐懼的時刻，請務必學會自我調節，把自己從嘈雜的思維中解放出來，幫助自己消除憂慮。要學會控制情緒和眼淚，勇敢面對失敗和壓力，只有這樣，才能贏得同事的尊敬和認可，使職場一切盡在你的掌握。

03 交際定勝負

◎三十歲以後要成功靠交際

對女人來說，要想在競爭激烈的社會中單槍匹馬地奮鬥，太辛苦也太不實際，聰明的女人要懂得依託廣泛的人際關係，更省事省力地實現自己的夢想。

也許你覺得自己現在還年輕，但這正是你積蓄人脈的大好時機，當你為自己建立起了一個強有力的社交網絡，你就會越來越感覺到它的價值，這些你精心維護的關係能夠幫助你成就很多事情，可以說，越早開始營建你的人脈網絡，你就能越早走向成功。

當很多年輕女孩剛走出校門進入職場之際，小朱已經是某大酒店的公關經理了。她剛進入職場時，並不明白自己的真正職責，每天都是在忙碌中度過，「比如說我們要把中國文化介紹給外國客人，舉辦耶誕餐會、各種新聞發佈會等」，幾年的歷練使小朱變得成熟了，也變得自信了。

小朱有一大幫記者、媒體朋友，娛樂、經濟、體育記者面面俱到，辦宴會、展覽，她的人脈資源可以一直從主持人、明星，延伸到諸如食物安排的所有流程，還有政府部門上上下下的工作人員小朱也都混得很熟。人生中的第一份工作，為小朱打開了一扇通向成功的門，也為她積累了第一桶「金」——無形的人脈資產。

不過真正體會到人脈資源的價值，還是由於一件小事。「當時有一個朋友在策劃一個記者招待會，但是他自己和媒體不熟悉，就找我幫忙聯繫相關的記者。」小朱說，這是她第一次強烈感受到市場對於公關服務的需求，而有需求就有市場，這令她萌發了創業的念頭。

當她的公司逐漸步入正軌之後，被小朱稱為轉捩點的客戶是美國家用電器巨頭惠而浦。「外商對公共關係是非常重視的，而且也有請公關公司服務的習慣。當時惠而浦進入中國市場沒幾年，幾乎是一年換一家公關公司，一直沒有找到一家滿意的公司。」一九九七年底，眼看著上一家公關公司的合約即將到期，小朱一位在惠而浦工作的朋友向老闆引薦了她。

對這次早已期待的見面，小朱做了充分的準備。短短十幾分鐘內，她妙語連珠的解釋了公司能為惠而浦提供的服務，老闆當即拍板：ＯＫ，就用你們吧！

之後就一發不可收拾了。全球家用品龍頭聯合利華旗下的諸多品牌，如麗仕、多芬，還有其他世界五百強公司像三菱電機等，都成為小朱的客戶，而且最令她驕傲的是，這些客戶的忠誠度極高。

人際關係在商場上究竟有多重要呢？即使是哈佛商學院的畢業生，在總結讀書的收穫時，也把「建立朋友網絡」放在第一位。哈佛商學院建院以來，有超過六萬名校友，這些校友多半已是各行業的菁英，在團結精神的凝聚下，織成了一張穩固的人脈網路。在華爾街，在幾大風險投資基金中，對哈佛ＭＢＡ來說，找到校友，就是找到了信任，也就是找到了成就自己事業輝煌的機遇。

◎社交場上最忌孤芳自賞

美國《幸福》雜誌研究的結果顯示：人際關係的順暢是成功處世的關鍵因素，而讚美別人是處世交際最關鍵的課程，因此如果你懂得如何去讚美別人，再加上你聰明的腦袋，還有腳踏實地的精神，你的事業就等於成功了一半。

真誠的、發自內心的讚美可以為你建立良好的人際關係，使你在提升影響力的道路上暢通無阻。對主管的讚美，能使他心情愉悅，對你越發重視；對同事讚美，能夠聯絡感情，增強團隊精神，合作時更加愉快；對部屬讚美，能使你贏得部屬的敬重，激發部屬的工作熱情和創造精神；對生意夥伴讚美，則會贏得更多的合作機會，從而獲取更多的利潤。

一位精明的店員往往會說：「小姐真是好眼光，這是我們這裡最新潮的款式，穿在您身上，顯得更加漂亮。」幾句話，這位小姐肯定眉開眼笑，馬上買單。美國商界奇才鮑羅齊就曾說過：「讚美你的顧客比讚美你的商品更重要，因為讓你的顧客高興，你就成功了一半。」

讚美他人是女人在處理人際關係中的一種技巧，它能讓你在無形中增添魅力，使別人更樂於接納你，所以讚美他人的女人會使自己越來越受歡迎。

讚美可以讓女人獲得更和諧、更親密、更甜蜜的親情、友情和愛情，一個懂得讚美他人的女人，一定是充滿魅力的人，並處處受歡迎。真誠的讚美是衡量女人影響力的一個標準，也是衡量她們社交能力的標準；同時，讚美別人既是壓力又是動力，因為當你讚美別人，就意味著你肯定了他人的優點與成績，相對應的是，你逐漸意識到自己的缺點與不足。人只有不斷地發現自己的缺點與不足，才能更積極去提升自己的影響力，取得更大的進步。

學會讚美別人，可以讓女人擁有寬廣的胸懷，這是一個女人提升影響力必備的性格和修養；如果一個女人學會了讚美別人，她就擁有了開啟和諧人際關係之門的鑰匙。

◎要真誠，不要太真實

這個世界需要真誠的面孔，卻不需要太真實的人。我們常說交友要「以誠相見，開誠佈公」，但並不是說你必須把自己的過去、未來，所思所感、所經歷的事情毫無遮掩的告訴別人。事實上，與人打交道可聊的話題多不勝數，你沒必要非得拿自己當箭靶，過去、未來的事情，你不說沒人會知道，別人不會認為你故意隱瞞，反而是你主動說了，容易埋下禍患，對你的工作和生活造成不利的影響。

每個人都渴望有幾個知心的朋友，但人性是複雜的，知人知面難知心。當你真心實意去對待別人時，很可能遭到對方的欺騙或背叛，所以與人交往時還是應該保留一份戒心。

你有得意的事，就該與得意的人說；你有失意的事，也要和失意的人談。但有些事如自己不光彩的過去，就不該輕易說出口，如果實在不吐不快，說話時一定要掌握好時機和火候，不然的話一定會碰一鼻子灰，不但換不來真誠，還可能遭排擠、受申斥。老話一句「禍從口出」，與人交往一定要把好口風，什麼話能說，什麼話不能說，都要在腦子裡多繞幾個彎。害人之心不可有，防人之心不可無，否則一旦中了小人的圈套，後悔就來不及了！

每個人都有自己的秘密，也有一些壓在心裡不願被人知的事情，尤其是同事之間，哪怕感情真的很不錯，也不要隨便把你的秘密告訴對方，特別是隱私，要知道，你說出的任何一句話都可能被別人用來傷害你。

你的秘密可能是私事，也可能是與公司有關的事，如果你無意中告訴了同事，很快，這些秘密就不再是秘密了。既然秘密是自己的，你不講，保住屬於自己的隱私，沒有什麼壞處；如果你講給別人聽，情況就不一樣了，說不定什麼時候別人會以此為把柄攻擊你，使你有口難言。

◎結交高品質人脈提升自己

有人說，要判斷一個人的品質，只需看他身邊的朋友。朋友之間的價值觀、性格氣質都會相互影響，聰明的女孩要懂得借助高品質的人脈提升自己的素質修養。

朋友間，相同的精神追求，才能讓你們找到共同語言，只有擁有同樣的人生信仰，你們才能彼此發現，彼此珍惜。所以，是時候提高你的交友水準了，只有在更高一層的精神領域裡，你才能遇到可以引領你生活的良師益友。

有兩個讀書時同寢室的女孩在對話，她們中一個光豔照人，談吐不凡，另一個卻愁眉苦臉，未老先衰。第一個女孩感嘆道：「我認識的人都好強啊，他們才剛剛畢業幾年，就買房子的買房子，買車的買車，我從他們身上學到了好多東西，我感覺現在生活很充實，需要我去實現的夢想也很多。」第二個女孩卻苦笑著說：「我認識的人都不如我，好多都是以前的同學，大家都過得差不多，我覺得生活就是這樣了，也沒有什麼好追求。」

是什麼導致兩個曾經同寢室的好友人生觀這樣不同呢？那就是她們的朋友圈子不同，她們的朋友品質不同。一個女孩的朋友都比自己成功，她在朋友身上學到很多東西，也擁有了積極的心態，所以她就會向著成功的方向努力；而另一個女孩，處在和自己一般，甚至還不如自己的朋友圈裡，時間一長，她認為大家的生活狀態都是這樣的，所以也就不思進取了。

提高自己的交友水準，可以讓你找到自身的不足，學習朋友身上的優點，而且也可以進入自己所沒有涉足過的圈子，豐富自己的視野。

年輕女孩，不僅要走出去認識他人，還要與成功人士交往，且不要只與一種人交往，要認識各種各樣、各行各業的人。一個人只活在自己的世界裡，不會有遠大的目標，只有與強者做朋友，時間長了，你才會有一個成功者的思維，你才會用一個成功者的思維去思考。思想決定行動，當你和優秀人士的想法觀念相近時，你自然會朝著成功的方向邁進。

◎機會總會留給那些令人印象深刻的人

有句話說：初次見面，就決定了很多事。這話不無道理，初次見面給人的印象是如此重要，所以，不管與誰見面，提前做好準備，會讓自己更加從容。那麼，女孩在與他人初次見面時，需要注意哪些細節呢？

1.**禮儀**：與異性初次見面時，點頭加微笑的問候是比較適合的。女孩子不要主動去和對方握手，一是顯得不矜持，二是顯得過於正式；當然，當對方伸出手來時，你也不要拒絕，大大方方地接受。

2.**穿著**：選擇適合自己形象並得體的衣著。整潔是最重要的，不要過度隆重，也不要在服飾的細節上給人留下不夠端莊的壞印象。

3.裝扮：不需過度化妝，也不宜素顏，你可以選擇薄薄的粉底、淡淡的口紅、淺色的指甲油等，這些可以令女孩顯得更加柔美。

4.言談：不要喋喋不休，交談不是發表演說。在交談中，適當地說話，也要懂得傾聽對方的表達，這也是一種瞭解對方的方法；同時，不要沉默寡言，交流從來就是雙向的，如果你一味地等著對方說話，會令對方無所適從，甚至會形成一種尷尬氣氛。

5.心理：首先，不要掩飾自己。有些女孩喜歡把自己真實的性格隱藏起來，不想讓對方看透自己，可是，這樣做的結果是你束縛了自己，無法暢所欲言，把自己性格的真實面展示給對方吧，真實有時也是一種特殊的吸引力，比矯揉造作給人的印象好得多。其次，為對方準備周到的禮節是必須和應該的，但也不要奢求自己能百分百地被人接受和喜歡，別人對你的評價是別人的事，你只要儘量表達自己的誠意就可以了，不要過分在乎別人的眼光。

總之，越是表現真實的自我，越容易讓人感到你的真誠，便越容易吸引人。

借助貴人的力量往上走

「借助貴人的力量往上走」，這是雅芳ＣＥＯ鍾彬嫻——全球最成功的華裔女性的成功經驗。在《時代》雜誌評選全球最有影響力的二十五位商界領袖中，鍾彬嫻是唯一入選的華人女性，她的成功之路被許多人認為是一個奇蹟，而奇蹟中蘊涵的奧秘其實很簡單。

一九七九年，一無背景、二無後臺的鍾彬嫻以優異的成績從普林斯頓大學畢業。當時她決定在零售業鍛煉一段時間，然後再進入法學院學習法律。在她看來，零售業的經驗將對她的法律學習有很大的幫助，於是她加入了魯明岱百貨公司。

鍾彬嫻的家族都是專業人士，唯獨她入了零售行業。因此，當她面對客戶時，體會到了工作的艱辛，但她沒有放棄，而是決心在工作中開拓自己的人脈。

幸運的是，鍾彬嫻在魯明岱百貨公司遇到了公司首位女副總裁萬斯，此人自信機智，講話清晰有力，進取心強烈。鍾彬嫻意識到，如果要在相互搏殺的商業社會裡叱吒風雲，就必須擺脫亞洲人善於服從的特性與束縛，於是，為了向萬斯學習豐富的工作經驗和技巧，鍾彬嫻像對待老朋友一樣對待萬斯，用心交流，用真誠互動，並很快取得其信任。

「有些人只等著機會來臨，」鍾彬嫻說，「我不這樣，我建議人們要抓住能帶你飛翔的人。」在萬斯的幫助下，鍾彬嫻在魯明岱百貨公司快速升遷，成為銷售規劃經理、內衣部副總裁。

後來，鍾彬嫻開始兼任有著一百多年直銷歷史的雅芳公司顧問。在雅芳，鍾彬嫻卓越的才華和超絕的人脈拓展能力，吸引了雅芳CEO普雷斯的注意，七個月後，鍾彬嫻正式加盟雅芳公司，並獲得普雷斯的肯定與支持。

鍾彬嫻成功的關鍵就在於善於建立人脈，並找對了自己職涯中的關鍵人物。生活中，每個人的精力和交際範圍都很有限，如何在有限的交際中獲得最大的收益呢？八〇／二〇法則告訴我們：生命中，二〇％的付出將產生八〇％的回報，其餘八〇％的付出卻只收穫二〇％的回報；二〇％的人際會對你的一生造成八〇％的影響。因此，讓八〇％的人喜歡你，避開二〇％不必交的、不可交的人。

哪些人是不必交、不可交的呢？那些思想墮落、行動腐化、不思上進的人，他們只會把自己引上歧途，降低自己的人格，還是遠離他們比較好。

此外，努力讓八〇％的人喜歡你，並和你生命中重要的二〇％的人建立深厚的感情和密切的聯繫。在向事業高峰攀登的過程中，貴人相助絕對是不可缺少的一個環節，有貴人相助，就可以使你更快取得成功。

◎不要忽視小人物

在積極尋找身邊貴人相助時，也不可忽視身邊「小人物」的作用。一些看似無足輕重的人物，在關鍵時刻也許能幫上大忙，也有可能攔住你的去路；再者，常言道：「三十年河東，三十年河西」，今天的小人物難保日後不會時來運轉，成為炙手可熱的紅人。

女人們，千萬不可輕視身邊那些「小人物」，跟他們保持好關係非常重要，平常做人處事，一定要記住：把鮮花送給身邊所有的人，包括你認為的「小人物」。不要總是表現出高人一等的樣子，要知道，再有能力的人也不可能把所有的事情都辦好，在經營管理中，人的因素至關重要，有了人才會有事業、有情義，同時也會帶來效益。所以，精於營造人脈的女人，要隨時隨地廣泛交往，重視身邊的小人物，多結善緣才行。

不要輕易得罪這些人，不要與他們發生正面衝突，要學會與他們交朋友。要記住：你平時花在這些「小人物」身上的精力、時間，都是具有長遠效益和潛在優勢的，在不遠的一天，也許就在明天，你將從他們身上得到加倍的回報。

◎與你的重要人脈保持聯繫

想成功，結交貴人這一點是很重要的，但好不容易認識的貴人，如果長時間不聯繫，終究會變成陌生人。

與貴人交往就像存錢一樣，平時儲蓄一點一滴，過了幾年之後就有一筆錢了；有事時才想到找朋友幫忙，等於從存摺中只取不存，帳戶遲早會空的。

對於那些已經退休的老前輩、老長官，要設法與他們多親近，並博得他們的賞識。毫無疑問，退休者最難過的是退休後那種門可羅雀的寂寥景象，這時若有人肯像以前那麼尊敬他，他必會感動不已。而退休者並不等於沒有發言權，有時候甚至還具有意想不到的影響力，多與這些人交往，可謂有百利而無一害。另外，你在日常生活中要廣織關係網，不要等到有急事時才想到別人，若是半年以上不聯繫，你可能就已經失去這位貴人了。

為了不使好不容易才建立起來的人際關係毀於一旦，你要不厭其煩地打電話、寫信以及登門拜訪。其實，這些對你來說都是舉手之勞，在維護彼此的關係及溝通情誼的前提下，又何樂而不為呢？與貴人聯繫時要注意以下幾點：

1.抓住適當時機聯絡關係：大忙人雖不好找，但並不表示他們絕對無法接近。你不必浪費時間在上班時間打電話給他們，要學會利用空當，傍晚六七點鐘是與這些忙人接觸的「黃金時刻」，秘書、助理等大都走了，只剩下一些「工作狂」還捨不得走，而此時正是聯絡這些「貴人」最適當的時機。

2.牢記關係無所不在：不經意的人事交往，就可能發展出很不錯的關係，會議室、機場、餐廳、飯店，處處都可以增長見識；另外，出差、旅行也是拓展關係、提升溝通力的好機會。

3.及時記錄關係的進展：記錄自己關係網的發展要像寫日記一樣，記錄每一次聯繫的情形，包括：姓名、地址、電話號碼、你的看法以及日後的聯絡方法，但用不著費力地像在寫一篇動人的文章。

◎不要讓內向性格阻斷人脈發展

個性內向的女孩，放假時她們喜歡待在家裡，哪裡也不肯去，從不參加聚會，因為她們從心底害怕與人打交道，不自信，所以處處避免競爭，避免與別人接觸。

其實，性格內向的女孩也嚮往能多幾個好朋友，希望能仔細地瞭解自己工作及生活的環境，真正地享受人生。

而性格內向往往與家庭教育和家庭氛圍有關。據研究調查，如果父母較為冷淡，他們的孩子多半性格內向，尤其是女孩更為嚴重，由於家長不鼓勵孩子去結交朋友，或參加任何課外活動，使她們很少獲得社交技能。家庭教育裡如果奉行這樣的方法，在踏入社會之前，生活圈子只限於學校及家庭，在缺乏與人溝通的環境裡成長的兒童，對於社交技巧一無所知，使他們較不敢嘗試與人溝通，甚至完全退縮回自己的個人世界。

女性要擺脫內向，建立融洽的人際關係，就必須注重「參與」二字，即積極主動地參加社交活動和團體活動，在這些活動中與他人接觸、交談、合作，都可以增長見識，積累經驗，提高膽量和信心，從而逐漸改變內向的性格，緩解人際交往壓力，提高社交活動能力，調和渴望融入人群與知識、經驗不足的心理障礙。

當人全身心地投入到團體活動中時，朋友之間的友情，團體的溫暖及愉悅的氣氛，會令人忘卻生活中的煩惱、緩解不安全感和孤獨感，這不僅有利於身心放鬆，更會因此建立良性的情緒循環，促進心理健康。總之，參加社群和團體活動，是促進和維護心理健康的重要途徑，而心理健康是克服內向孤僻、建立融洽人際關係的首要條件。

喜歡獨處、害怕和陌生人打交道的女性，還要學會對周圍環境的事物產生興趣。比如每天下班後不要急著回家，可以選一個比較熱鬧的場所多待一會兒，然後回家將自己所觀察到的一切記錄下來，目的是想讓這類女性從自己狹小的個人世界裡走出來，讓自己投入到一些以前不敢置身的環境，並對這些環境做出詳細的觀察。過一段時間後，如果感覺對一些以前沒有留意過的事物逐漸產生興趣，想逗留在外的願望就會不斷加強，這樣一來，和新鮮事物接觸的能力也就會加強。

其實，內向和外向沒有好壞優劣之分。內向型女人雖然較易產生自卑感，但通常遇事沉著、善於思考；外向型女人長處是性格爽朗、遇事不會怯場、反應較快，缺點是只喜歡從興趣情感出發，缺乏計劃性和堅持性。內向型女人應該在充分發揮自己長處的基礎上，揚長補短，自如地邁進人脈圈，通過與人交往，更大地發揮自己的潛力。

◎去頭等艙才能與貴客相遇

生活中，不是隨時隨地都會遇見貴客，他們通常有比較固定的活動場所和朋友圈子，只有主動去接近他們，才有相遇相識的可能。搭乘「頭等艙」就可以為自己搭建高品質、高價值的人脈關係網，因為這裡出現貴客的頻率遠遠高於其他場所。

現代社會越來越多人懂得這個道理，所以，讀MBA的人可能不是為了充電，考司法特考的人不一定要當律師。許多人原本是為了一張證書而進入某個圈子，後來卻變成融入某個圈子，順便拿張證書；證書對他們來說，已經不只是一張許可證，而像是一張融入某個社交群體的入場券。

當然，「頭等艙」的意思並不狹義地指高級場所，也指找到貴人出現頻率最高的地方和最易接近貴人的方法。這看起來很容易，但懂得道理的人未必都能做到，你必須掌握一些相應要領：

1.要捨得投資，不要計較一些眼前利益。出入高級場所，需要比較大的花費，但這筆花費所帶來的利益和好處是顯而易見的。如果你總是捨不得投資這些小錢，便等於將自己與貴人的圈子劃清了界限，這樣恐怕很難結交到不同層次的對象。

2.要歷練自己的風度和氣質，成為一個舉止優雅、開朗大方的人，這樣在一個較高層次的圈子裡才能如魚得水。試問，一個在餐桌上表現失態的人，怎麼可能與一位上層社會的貴人相談甚歡呢？

3.不要表現得過於急功近利，無論你抱有什麼樣的目的，付出了多大的代價，結交貴人都不是一天兩天就可以大功告成的事。如果過於急切表明自己的意圖，甚至不惜作出諂媚的樣子，那麼你將失去貴人對你的好感和尊重，得不償失。

◎分享為你贏得更多

無論是機會、利益還是其他各種人們都想得到的東西，你越吝嗇，覬覦的人反而會越多；適當地分享既能維持你的利益，其他得利的人也會對你更加忠誠，而一旦你有需要時，你便能從他們那裡得到更多。很多女人吝嗇分享，害怕別人得利，自己便會失利；如果你選擇了分享，就會為自己增加一份人情。

吝嗇是一種極端自私的表現，雖然人都有自私的一面，不為自己打算的人很少，然而在人際交往中，要做到公私兼顧並不困難。所謂禮尚往來，人敬你一分，你回敬三分，這當然好，回敬一分，也不為過。如果總想讓人敬你，而你不回敬別人，這就會得到「吝嗇」的評價。

仔細想想，我們是否也有這種毛病呢？小時候有好玩的玩具，我們只是自己玩；有了好吃的，自己偷偷藏起來；上學時別人借筆記，我們卻拒絕；老闆給了我們一個「肥差」，我們卻拒絕別人幫忙，想要自己獨立完成……

分享並不是多麼偉大的情操，實際一點說，分享是為了在我們需要時得到，給自己一個好人緣和和諧的生活及工作環境，樂於與人分享的人，人緣總不會太壞。現代社會，人與人之間少不了交往，我們也總有需要別人幫忙的時候。所以，不要吝嗇分享你的東西，有時只是舉手之勞，都可以讓你多擁有一個朋友。

所以，女人要想在職場有所斬獲，目光不要太短淺，心胸不要太狹窄，要學會分享，這其實是一項大智若愚的「長遠投資」，有利於提升我們的形象，有利於改善我們的生存環境，有利於我們在這個競爭激烈的社會中立足並發展。

◎曝光，讓你提高身價

在這個世界上，真正比我們聰明的人只有五%，而比我們愚蠢的人也只有五%，大多數人都是普通人。既然這樣，我們靠什麼理由去說服買家，證明自己比別人有更高的身價，更值得他選擇呢？以下提供幾個自我推銷的技巧。

1.確定交往對象：請注意觀察優秀同事的行為準則，並學習他們的優點。

2.善用別人的批評：瞭解別人對你的評價，坦誠地接受批評，並從中吸取經驗。

3.善於展示自己：盡量展示自己的優點，如果你不展現，別人是不會知道的。

4.精心包裝自己：如果不想成為滯銷品，應當檢查自己的「包裝」——服裝、鞋子、髮型。要經常改變自己的「包裝」，時常給人耳目一新的感覺。

5.說話要明確：說話要言簡意賅，不要用「也許」或「我想只好這樣」等詞句來表達。上司一般都喜歡下屬能有一個明確的態度，不論對人還是對事。

6.建立關係網：要多參與公司舉辦的活動，並要與以前的上司保持聯繫，建立一張屬於自己的關係網。

7.適當表露自己的成績：不要怕難為情，大膽地說出你已經取得的成就，尤其在上司面前。但要注意不要將成績天天掛在嘴邊，那樣會使人厭煩。

8.不要害怕危機：如果你負責的專案失敗了，應勇敢地承擔責任，積極尋找解決問題的辦法。在緊張狀態下頭腦清醒、思路敏捷的人，會得到上司的器重。

總之，女孩要想提高自己的身價，就需要適時適地地包裝自己、行銷自己。

◎儲蓄友情是一輩子的功課

友誼對人生是不可或缺的，文學大師紀伯倫說過：「你的朋友能滿足你的需要。你的朋友是你的土地，你懷著愛而播種、收穫，就會從中得到糧食、柴草。」

友誼雖說不是利益的結合，但相互的需要與幫助卻是維繫友誼的樞紐。正如馬克思的一句名言：「人的生活離不開友誼，但要得到真正的友誼卻是不容易的；友誼需要忠誠去播種，用熱情去灌溉，用原則去培養，用諒解去護理。」儲蓄友情，是我們一輩子的功課，要如何為自己儲蓄豐厚的友情呢？

1.不斤斤計較：友誼是一種給予與奉獻的共同體，它應該是無私的。朋友相處斤斤計較，在榮譽面前你爭我奪，這種人很難結交到真正的朋友。

2.不苛求於人：對朋友身上的不足和缺憾，我們應該抱著寬容為懷的態度，真誠地互相理解、互相幫助，取長補短，共同前進。

3.不虛偽嫉妒：有些人明明知道朋友有缺點、有錯誤，卻一味恭維吹捧，但當朋友有了成就便妒火升騰，處處設防，這樣的人只會使朋友漸漸遠離。

4.不親疏分級：有些人交友以親疏、尊卑分等級，凡對己有利者則熱情相迎，對己無利者則冷眼相待，對有地位、有權勢者笑容可掬，對一般同事朋友則態度冷淡。我們對這種庸俗的交友觀應予以唾棄和指責。

5.不過河拆橋：有些人身處逆境時，對真心關懷與幫助自己的朋友感激涕零，一旦自己的地位改變了，便將昔日幫過忙的朋友拒之門外，這是非常不好的。

6.不要言而無信：說話算數，說到做到，這是交友的基本準則。把承諾視為兒戲，言而無信的人，永遠也交不到真正的朋友。

7.不自命不凡：虛懷若谷、謙和謹慎的人能夠廣交朋友，獲得他人的信任和好感；而孤芳自賞、自命不凡，則會使人敬而遠之，惹人反感。

8.不要不拘小節：對待朋友，不拘小節是一種很不好的習慣，如與別人交談時總喜歡打岔爭辯，這種不良習慣不僅會損害自己的形象，久而久之還會使人厭惡。

04 會做事不如會做人

◎得意之事放心裡，別人的功勞掛嘴邊

面對失意的人，你千萬別說自己的得意事，更不要在他們面前顯示你的優越。善解人意的女人會將自己的得意放在心裡，當你和朋友交談時，最好多談他關心和得意的事，這樣可以贏得對方的好感和認同。

雖然人在得意時都會有張揚的欲望，以顯示自己的優越感，但要談論你的得意時，要注意說話的場合和對象。你可以在演說的公眾場合談，對你的員工談，享受他們投給你的欽羨目光，也可以對你的家人談，讓他們以你為榮，但就是不要對失意的人談，因為失意的人最脆弱，也最敏感，更容易觸發內心的失落感。

一般來說，失意的人較少攻擊性，沉默寡言、多愁善感是最普遍的心態，但別以為他們只是如此，當他們聽你的得意言論後，普遍會產生一種心理——怨恨，這是壓抑在內心深處的不滿，你說得神采飛揚，其實不知不覺已在失意者心中埋下一

顆情緒炸彈。一般情況下，他們對你的懷恨不會立即顯現，但他會通過各種方式來洩恨，比如說你壞話、扯你後腿、故意與你為敵，而最明顯的是疏遠你，避免和你碰面，這樣你就少了一個朋友，這樣的後果多划不來。

不會做人的人才會天天宣揚自己得意的事，其實這樣常會壞事。記住，在失意者面前莫談得意事，把自己的得意事放在心裡，把別人的得意事掛在嘴邊，只有銘記這一點，才不被人討厭，才有可能真正被人接納，讓自己的人生多一條坦途，少一分牽絆。

口舌之爭贏三分，輸七分

有些女人反應快，口才好，心思靈敏，在生活或工作中和人有利益或意見衝突時，往往能充分發揮辯才，把對方辯得啞口無言。其實，口頭上的贏不能叫贏，處處與人針鋒相對，無論你說得多麼精彩，多麼富有哲理，也很難讓對方心服口服，即使你勝了，其實也敗了。

而且那種時時爭取口頭上勝利的人，漸漸地會形成一種習慣：不管自己有理無理，一旦用到嘴巴，她絕不會認輸，而且也不會輸，因為她有本事抓你語言上的漏洞，也會轉移戰場，四處攻擊，讓你毫無招架之力；雖然你有理，她無理，但你就是拿她沒辦法。

毫無意義的爭論會給當事人帶來什麼呢？答案是你會失去一位朋友或顧客，收穫一個敵人和憤怒的心情，而且不會有人因此而讚賞你知識淵博與能言善辯，因為真正能言善辯的人懂得如何讓人心悅誠服，「會說話」而不是「會吵架」的人才是說話高手。

其實，只要我們稍微冷靜地想一想，就會發現大多數爭論的結果沒有一個人是勝利者。爭論既不能為雙方帶來快樂，也不能帶來彼此尊重和理解，更不能證明誰是真理的掌握者。爭論所能帶給我們的只是心理上的煩躁、彼此的怨恨與誤解，甚至讓你多一個敵人。

爭吵發生的時候，驟然升溫的情緒之火會灼燒你的頭腦，使你煩悶、憤怒，甚至想與對方硬拼一場；對方的強詞奪理令你憤恨不已，而在對方眼裡，你又何嘗不是同樣可惡的形象？當不斷升溫的情緒之火達到足以燒毀你僅存的一點理智的時候，一股難以抑制的仇恨之火便由心底升起，這就足以解釋為什麼口角之爭會發展到大動干戈的地步。

這種以為打口水仗能得利的人，顯然是大錯特錯了，因為一場毫無意義的爭論並不能讓他人從心底佩服你，而且，爭論的時間越長，彼此的傷害越深。口頭上的勝利也許能有一時之快，卻往往招致別人長時間的不滿，聰明的女人不會去做這樣得不償失的事，嘴上「軟」一點，就能多一個朋友。

◎得饒人處且饒人

有些人會因為一些芝麻小事就與人沒完沒了，得理不讓人，無理也要辯三分，這是非常不明智的。蘇格拉底曾說：「一顆完全理智的心，就像一把鋒利的刀，會割傷使用它的人。」這就告誡我們做人做事不要太絕對，要給自己和他人留餘地，睿智的女人更是深刻洞悉其中的道理。

其實，世界上的理怎麼可能都讓某一個人占盡了？所謂「有理」、「得理」在很多情況下也只是相對而言的。凡事皆有一個度，過了這個度就會走向反面，「得理不讓人」就有可能變主動為被動，反過來說，如果能得理且讓人，就更能體現出一個人的氣量與水準；給對手或敵人一個臺階下，往往能贏得對方的真心尊重。

一個人不僅要自己胸懷寬廣，更要注意別人的自尊。一個人如果損失了金錢，還可以再賺回來，一旦自尊心受到傷害，就不是那麼容易彌補的，甚至可能為自己樹立起一個敵人。「得理且讓人」就是要照顧他人的自尊，避免因傷害別人的自尊而為自己樹敵。

得理讓三分，得饒人處且饒人，其實都是要我們學會忍讓和寬容，說起來簡單，可做起來並不容易，因為任何忍讓和寬容都是要付出代價的。生活中難免會碰到個人利益受到別人有意或無意的侵害，為了給自己的未來營造和諧的生活環境，就要在生活中多幾分忍讓和寬容，即使有時候自己的利益受到了潛在的威脅，也要壓抑心中的憤怒，用寬容和大度來化解心中的怨恨。如果能做到這樣，自己的未來就少幾分危機，多幾分平和，何樂而不為？

◎分享榮耀，讓成功更有意義

有智慧的女孩都明白一個道理：沒有人能獨自成功。在取得成就的時候，她們都會把榮譽與身邊的人分享，畢竟，成功不是靠單打獨鬥能得來的，讓別人分享你的榮耀，會讓你取得更大的成功；反之，如果總是自己獨享勝利的果實，就會讓身邊的人喪失合作的積極性。

當你在工作中得到一些成就時，千萬記得別獨享榮耀，否則這份榮耀會為你帶來人際關係上的危機。「居功」的確可以凝聚別人羨慕的目光，可以給自己帶來很大的成就感，但如果你只想把功勞一個人占盡，企圖讓光環僅圍繞自己一個人轉，那就不是自私，而是極度愚蠢了。獨自貪功就是搶別人的好、比別人好，這不僅不會給自己帶來更多的好處，甚至還會引火焚身，激起公憤，最終害人害己。

謹記這個忠告，你就會受益無窮。不論在什麼樣的場合都適用，而且屢試不爽。工作上有了成績，升官了，加薪了，不妨和同事們慶祝一番，對老闆說聲「謝謝」，對部屬的配合與支持表示真誠的感謝，甚至那些嘲笑過你的人，也要為他們給了你前進的動力而有所感謝，回到家中也不要心安理得地享受舒適的床鋪、可口的飯菜，擁抱一下辛苦的家人，讓大家都感到你內心真誠的感激而與你分享快樂。

假如你真的照做了，相信你會有驚奇的發現。你身邊的人將扶持著你走向更高的位置，他們期待著，仰望著你的高度，希望你在給自己帶來榮耀的同時，也給他們帶來榮耀，而不是嫉妒或冷眼旁觀。當你主動把榮耀饋贈給了別人，別人也會反過來真誠地維護你和支持你。

◎尊重別人，就是為自己加值

在社交場合中，聰明的女孩不僅僅會顧及自己的面子，還懂得要尊重他人，因為她們明白，人人都需要被重視，尤其是在公共場合，尊重別人就是尊重自己。如果你不顧別人的面子，總有一天會吃苦頭。如果你能做到時時保住別人的面子，別人也會如法炮製，給你面子。

即使是自己的對手，當自己占上風時，也需要有同理心來體諒對方的心情，不要流露出竊喜的表情，更不能表現出咄咄逼人的氣勢，用自己的成功往人家的傷口上撒鹽。失意者在狀態上雖然處於劣勢，但依然保留著強大的自尊心，如果你在此時把風光占盡，其實是在給自己的未來埋下隱患，要知道，失意者也會有東山再起的時候，到那時，你可能會多一個更具爆發力的對手。所以當自己勝利的時候也莫忘給別人留面子，不僅顯示你的大度，還可以收穫人情，更可能會讓你少一個對手，多一個朋友。

但也有不少人為了面子的問題，做出常理之外的事，如果你是個只顧自己面子，卻不顧別人面子的人，那麼總有一天你會在「面子」上吃虧。

人人都有自尊和虛榮心，因此，為了自尊和虛榮，有些人可以吃暗虧，如果我

們想在社交中如魚得水，就不能在公眾場合率直地批評別人，而要用一些委婉、含蓄的方式表達自己的意思，這樣，既保住了別人的面子，又為自己掙了面子。

很多時候，朋友之間發生爭論，並不是不瞭解對方，而是有失溝通造成的，這時候爭論的雙方切不可以怒制怒，最好的方式是主動給自己找臺階下，又不傷害朋友面子，要多加解釋，設法溝通或者道歉、勸慰，與朋友達成共識。

然而，遺憾的是，在生活中很多人都無法做到「給人面子」，因此得罪了他人，也為自己以後的失敗埋下禍根。這些人常犯的毛病是，自以為對某事有見地，自以為口才好，一遇到機會就高談闊論，把別人批評得一無是處，他自己則痛快至極，卻不知自己強要了「面子」，就有可能在最後失去面子。

其實，現實生活中這樣的情況很多，在發生一些利益衝突時，如果處理得當，原來的對手也會成為貼心的朋友。記得多給對方一點面子，這不僅是對對方的一種尊重，也是為以後的合作掃除障礙。往他人臉上貼金撲粉，不僅是一種大度，一種文明典雅的風度，也是為自己日後的人生加值的好辦法。

◎善良有度，別做奉獻到底的女神

人際交往中要有所保留，女孩常犯的一個錯誤就是「好事一次做盡」，以為自己全心全意為對方做事一定會使雙方關係融洽、密切，然而，事實並非如此。因為人不能一味接受別人的付出，否則心理就會失衡，如果好事一次做盡，使人感到無法回報或沒有機會回報的時候，愧疚感就會讓受惠的一方選擇疏遠。留有餘地，好事不應一次做盡，這也是平衡人際關係的重要準則。

心理學家霍曼斯早在一九七四年就提出，人與人之間的交往本質上是一種社會交換，這種交換和市場上的商品交換所遵循的原則是一樣的，即人們都希望在交往中得到的不少於付出的。

其實，何止是得到的不能少於付出的，如果得到的遠遠大於付出的，也會令人們心理失去平衡。人情不能不投資，也不能過度投資，對一個有勞動能力、心智健全的人來說，付出和獲取回報一樣重要，因為這往往牽涉到一個人的自我意識。

如果你想取悅別人，而且想和別人維持長久的關係，那麼不妨適當地給別人一個機會，讓別人有所回報，這樣就不至於因為內心的壓力而疏遠了雙方的關係。過度投資，不給對方喘息的機會，就會讓對方的心靈窒息。要面面俱到，留點餘地給對方，彼此才能自由暢快地呼吸，才能給心靈一個足夠的空間來容納彼此。

杯子留有空間就不會因加進其他液體而溢出來，氣球留有空間便不會因再灌進一些空氣而爆炸，做人做事給自己留下空間，便不會讓自己落個吃力不討好的結局。

沒有誰能夠超越人性的局限，要想在朋友圈子中給人留下好印象，女孩們一定要做到善良有度，千萬別做個奉獻到底的女神。

承諾不可隨意為之

很多女孩熱衷於許諾，她們隨便就說出了自己想為別人做的事情，可是給了別人希望之後卻一次都沒有實現，使別人一次又一次失望。久而久之，人們不會再相信你，也許還會以同樣的方式對待你。所以，女孩不要輕易當「承諾女王」，做一個守信的人，幸運女神才會為我們開啟通往成功的大門。

聰明的女孩不會輕易承諾某一件事，即使有把握，也不會輕易承諾。而生活中有許多人都把握不了承諾的分寸，他們的承諾很輕率，不給自己留下絲毫的餘地，結果使許下的諾言不能實現。

由於事物發展總是有變化的，你原來可以輕鬆做到的事，可能會因為時間的推

移、環境的變化而有一定的難度，如果你輕易承諾，會給自己以後的行動增加困難，對方會因為你現在的承諾而導致將來的失望。所以，即使是自己的事，也不要輕易承諾，不然一旦遇上變故，你在別人眼裡就成了一個言而無信的人。

那麼該怎樣承諾才不會失分寸呢？以下三種方法可作為參考：

1. 對沒有把握的事可採取彈性承諾：如果你對情況把握不大，就應該把話說得靈活一些，給自己留一些迴旋的空間。例如，使用「盡力而為」、「盡最大努力」、「盡可能」等較靈活的字眼。

2. 對時間跨度較大的事可採取延緩性承諾：有些事情在當時的情況下可以辦成，可是時間長了情況會發生變化。那麼，在承諾時可採用延緩時間的辦法，即把實現承諾結果的時間說長一點，給自己留下為實現承諾創造條件的餘地。比如，員工要求老闆加薪，老闆可以這麼說：「要是年終結算有盈餘，公司可以考慮加薪。」

3. 對不是自己所能獨立解決的問題應採取隱含前提條件的承諾：如果你所作的承諾不能自己單獨完成，那麼你在承諾中可帶一定的限制。比如，朋友要你幫忙辦一場義賣會，而這涉及到公務部門的場地租借，你不妨這樣說：「如果場地租借沒問題，我一定幫忙到底。」這樣既展現自己的誠意，還向對方暗示了事情的難處，一舉兩得。

為人處世，應當講究言而有信，行而有果。因此，承諾不可隨意為之，聰明女孩事先會充分地估計客觀條件，盡可能不做那些沒有把握的承諾。須知，有了承諾，就應該努力做到，千萬不要亂開空頭支票，不然不僅會傷害對方，還會毀壞自己的聲譽，使你在社會上難以立足。

05 說進聽者的心坎裡

話多不如話少，話少不如話好

讚揚一個人會說話，我們會說他「一語中的」、「一鳴驚人」，而不是「滔滔不絕」，說話簡潔且能說出重點的人才是真正的能說會道者。職場裡，很多女性都是人群中的活躍者，她們喜歡以自我為中心，在喋喋不休之中讓自己占盡風頭，而忽視了別人也有表達自己的欲望，別人也渴望交流，最終，在有意無意間，令人感到壓抑和被忽視，她們傷害了別人，自己當然也不會得到好人緣。

還有一些女人，總是喜歡將自己泡在「苦水」裡。生活中，無論大事還是小事，都能給她們帶來很多痛苦，她們將這些痛苦不斷地向別人傾訴，向別人抱怨。

俗話說：「話多不如話少，話少不如話好。」話多的人不一定有智慧，且往往可能剛好相反。不要一碰到人就開始你的「牢騷」，嘮叨往往會破壞你的好人緣，也會給別人的心情帶來很不好的影響。

如果處事上有什麼不對的地方，儘量先創造一個盡可能和諧的氣氛。做錯事的一方，一般都會本能地有種害怕被批評的情緒，如果很快地進入正題，被批評者很可能會產生不自主的抵觸情緒。即使他表面上接受，卻未必表明你已經達到了目的。所以，先讓他放鬆下來，然後再開始你的陳述。

溝通不是一件容易的事情，人是複雜多樣的，各有各的癖好，各有各的脾氣，跟自己氣味相投的人在一起就舒服愜意，話匣子一開就關不上；一遇見氣味不投的人就感覺彆扭，不想開口，所以，一般人就有「知己難得」的感嘆。善於跟別人交談的人也是善於適應環境的，只有把話說到對方的心坎上，才能給交際架起絢麗的彩橋。

背後讚美有奇效

好聽的話、讚美的話不一定要當著別人的面說，當面讚美別人，雖然也能拉近彼此的距離，但是難免帶上一點恭維的成分，沾上奉承的色彩。但是，背後讚美就沒有這些弊端，向第三人間接地讚美別人，通常會被認為是發自內心的，是誠懇的，因此更容易讓人相信和接受。

背後讚美說得通俗一些就是透過第三者在無意間轉述自己對他人的好感，或者透過創造某種特定的環境條件，讓對方聽到自己對他的評價。背後讚美比直接讚美更容易打動對方，比如你想對一位初結識的女性表達讚美之意，記得，你千萬別直接對她說：「你真漂亮！」而應該說：「聽我朋友說過你很美麗大方，今日一見，果真名不虛傳。」或者，「早就聽說我們公司來了一位非常美麗的女孩，原來就是你啊，而且比我想像中美麗。」你這麼對她說，她不僅容易接受，並且會因此對你的印象特別深刻。

在背後說一個人的好話比當面恭維要好得多，你不用擔心他不知道，你在背後說他的好話，很容易就會傳到他的耳朵裡。

從社會心理學的角度說，當一個人發現別人對他的印象和評價與自己的期望不一樣時，他就會自覺地調整和修飾自己的言行，以期符合別人對自己的看法。而背後說人壞話是令人討厭的，一方面是背後說壞話會有中傷別人的感覺；另一方面，人們會覺得背後的評價更能體現那個人內心的真實想法。同理，當他知道一個人在背後讚美自己的時候，他也會感覺你真的是這樣想的，會更加高興。

不要擔心你在別人面前說另一個人好話，那些好話當事者不會聽見，這世界沒有不透風的牆，就算讚美傳不到他本人耳朵裡，別人也會因為你在背後誇獎他人而更加敬重你。

無論男女老少，都喜歡聽好話，來自他人的讚美，能使一個人的自尊心、自信心得到極大的滿足。當他的榮譽感得到滿足時，他會情不自禁地得到鼓舞和感到愉快，從而打心裡對你感到親切，縮小你們之間的心理差距。如此一來，與人溝通交流起來，會有事半功倍的效果，不知不覺間，你就擁有了好人緣。

◎幽默可讓你笑傲江湖

沒有幽默感的女人，就像鮮花沒有香味；女人如果善於創造幽默，不僅可以讓自己如魚得水，左右逢源，更能笑對人生、豁達處世。

幽默的女人是智慧的，因為幽默必須具備一定的文化底蘊，但「墨水」雖多，沒有靈氣也是不行，所以，但凡幽默的女人總是兼具才氣與靈氣。

當才女林徽因放棄徐志摩，跟梁思成結婚之後，梁思成問林徽因：「你為什麼選擇了我？」林徽因笑笑，淡淡地說了一句話：「看樣子，我要用一生來回答你的這個問題。」

這一句話，包含了多少人生的「不能承受之重」，讓人們再三咀嚼之餘，不由得佩服林徽因的才智與幽默，更欣羨梁思成後半生的幸福與快樂。

幽默的女人是自信的，因為幽默有時就是一種自嘲。一個姿色平庸的女子若是能將自己的外表當作玩笑，那麼，可以肯定她已經不因外貌而自卑，而且，她的身上肯定還有更多讓她引以為傲之處。以下教你怎麼做足幽默的功課：

1. 平時多收集幽默材料：看多了，聽多了，模仿多了，就會把幽默內化為一種自然而然的本領。

2. 從別人幽默的語言實例中啟發思路：運用幽默語言，要會借題發揮、旁徵博引，要反應敏捷、思路明快，這些從幽默語言實例中都能體驗出來。

3. 多找機會應用：實踐出真知，只有經過自己在實踐中練習和運用，才能積累出信手拈來的素材，而且，在實踐中練習和運用幽默語言，也能加深對幽默的理解，多練習多運用，才能有效提高使用幽默語言的能力。

4. 幽默不是目標而是手段：不能為幽默而幽默，一定要視情況、對象，選用恰當的幽默話語，否則，故作幽默反而會弄巧成拙。

◎好口才為魅力加分

無論是工作還是生活，一個擁有出色說話能力的女人足以讓她吸引更多人的注意。因此說，一個能言善道的女人，內心會散發出更多的優雅與自信，她不但在社交場合中到處受人歡迎，而且在個人事業上也會獲得非凡的成就。要怎麼鍛煉好自己的語言能力，讓口才為自己的魅力加分呢？

1.交談要有好話題：選擇一個好的話題，能使雙方找到共同語言，預示著談話成功了一半，要有這種機敏，平時你可以多留意時事，這是很好的交談材料。

2.交談時要有好態度：一個人要是沒有良好的態度，別人就會討厭他、避開他，這樣的人只會越來越孤立，慢慢失去朋友的信任。那麼，什麼才是良好的態度呢？包括對別人表示友好、對別人的談話表現得有興趣、謙虛有禮，此外，還要輕鬆、快樂、富有幽默感。

3.交談要恰到好處：如果你總是以高人一等的口吻說話，好像處處要教訓別人，這樣只會引起別人的反感；反過來，交談時有自卑感也是不可取的，一個對自己沒有信心的人，將難得到別人的重視和信任。

交談時態度應該誠懇、親切，如果你碰到一個油腔滑調、說話不著邊際的人，你一定會覺得非常不舒服，甚至會反感，自己的心情如此，別人的心情也是一樣。好口才不僅能夠營造一個好的溝通氛圍，也能更巧妙地展現出自己的魅力。

◎傾聽，是一種最動聽的語言

剛入社會的女孩子，如果你不能像別人那樣，說出很多恭維的話，也可以做一個會傾聽的女人，善於傾聽，就會讓你處處受歡迎。懂得傾聽的女人，能夠給予別人足夠的重視，讓對方感受到心理上的滿足；懂得傾聽的女人，往往表現出大度與接納，散發出女人特有的溫情魅力，更容易受到傾訴者的歡迎。

1. **傾聽時神情要專注：**良好的精神狀態是傾聽的重要前提，聽話時應保持與談話者的眼神接觸，但如果沒有語言上的呼應，只是長時間盯著對方，那會使雙方都感到侷促不安；另外，保持身體警覺有助於使大腦處於興奮狀態。

2. **使用開放性動作：**開放性動作代表著接受、容納、興趣與信任，意味著控制自身的偏見和情緒，做好準備積極適應對方的思路，去理解對方的話，並給予及時的回應。

3. **及時用動作和表情給予呼應：**傾聽者可以使用各種對方能理解的動作與表

情，表示自己的理解，傳達自己的感情以及對於談話的興趣，如微笑、皺眉、迷惑不解等表情，給講話者提供相關的回饋資訊，以利於其及時調整。

4.適時適度的提問：溝通的目的是為了知道彼此在想什麼，通過提問及從對方回答的內容、方式、態度、情緒等來獲得相關資訊。因此，適時適度地提出問題是一種傾聽的方法，它能夠給講話者鼓勵，有助於雙方的溝通。

5.要有耐心，勿隨便打斷別人講話：即使聽到你不能接受的觀點或者某些傷害感情的話，也要耐心聽完，聽完後才可以表示你的不同觀點。當別人流暢地談話時，隨便插話會改變說話人的思路和話題，或者任意發表評論，都是不禮貌的行為。

6.必要的沉默：沉默就像樂譜上的休止符，運用得當，則含義無窮，真正可以達到「無聲勝有聲」的效果。但沉默一定要運用得體，不可不分場合，故作高深而濫用沉默，而且，沉默一定要與語言相輔相成，才能獲得最佳的效果。

◎給別人留餘地就是給自己留餘地

與人交往讚美人本應是好事，但若心直口快，犯了忌諱，好事也會變成壞事，即使你與溝通對象的關係十分密切，也要注意這點，要是只顧牙尖嘴利地在別人傷口上撒鹽，最後吃不了兜著走的可能是你。

說話應講究「忌口」，否則，若因言行不慎而讓別人下不了臺，或把事情搞砸，除了不禮貌，也是不明智的。在與人交談時必須注意以下幾點：

1. 不要當眾揭短：誰都不願把自己的短處或隱私在公眾面前曝光，一旦被人揭露，就會感到難堪而惱怒，甚至會遷怒於人。因此在交往中，如果不是為了特殊需要，應儘量避免接觸這些敏感區，必要時可用委婉的話暗示你已知道他的錯處或隱私，讓他感到有壓力而不得不改正。談話高手只需點到為止，當面揭短，對方說不定會惱羞成怒，出現很難堪的局面。

2. 不要故意渲染和張揚對方的失誤：在交際場合，人們難免會講了一些外行話，念錯一個字，搞錯一個人的名字，這在對方本已十分尷尬，生怕更多人知道。作為知情者，一般說來，只要這種失誤無關大局，你就不必大加張揚，故意搞得人人皆知，更不要抱著幸災樂禍的態度，來個小題大做，因為這樣做不僅對你無益，而且還會傷害對方的自尊心，這讓你在未來可能會多了一個怨敵，卻少了一個朋友，同時，也有損你自己的社交形象，人們會認為你是個刻薄的人，會對你反感、有戒心，因此敬而遠之。

3.給人留餘地：在社交場合中，偶有一些競爭性的活動，比如下棋、球賽等，儘管只是娛樂性活動，但人的競爭心理總是希望成為勝利者。對此，有經驗的社交者，即使在自己取勝把握比較大的情況下，往往也不把對方搞得太慘，而是適當地給對方留點面子，你若圖一時之快，窮追不捨，讓對方狼狽不堪，有時還可能引起意想不到的後果，讓你窮於應對。其實，只要不是正式比賽，何必釀成不愉快的局面呢？其他事情也一樣，團體活動中，你固然多才多藝，但也要給別人一點表現的機會，否則，只會讓你失去更多朋友，最終苦的是自己。

◎讓人一步，別人就會心存感激

剛踏入社會的女孩子，還沒有擺脫校園裡的學生氣，有時說話直來直去，認為直言快語就是真誠，就能受歡迎，其實這樣很容易碰釘子，甚至會好心好意卻把事情搞砸了。善解人意的女人，往往會委婉含蓄地表達自己的想法，以達到理想的溝通效果。

委婉是指在講話時不直陳本意，而用委婉之詞加以烘托或暗示，委婉含蓄的說話藝術，能有效避免由於生硬和直率帶來的各種弊端，讓你的人際往來更加順暢。

人們有時表露某種心事時，常有羞怯、為難心理，而委婉含蓄的表達則能解決這個問題。其次，每個人都有自尊心，而有些表達可能不同於對方的意見，又極容易傷害對方的自尊，這時，委婉含蓄的表達既能達成表達任務，又能維護對方自尊。再者，有時在某種情境中，例如礙於第三者在場，有些話不便說，這時就可用委婉含蓄的表達。

反之，在工作和生活中，我們可能會遇到一些對自己不禮貌的言行，這時，我們應該怎麼辦呢？

1.委婉地提醒對方：當同事、親友說了一些對不起自己的話時，可以旁敲側擊，委婉地提醒對方，給對方造成一定的心理壓力，讓對方意識到自己的過錯。但記得要把握分寸，點到為止。

2.用客氣、禮貌的言語感染別人：當遇到這種情況時，沒必要用激烈的言語諷刺對方，這樣很可能出現不愉快的場面，此時，可以用客氣、禮貌的言行感染對方，讓對方意識到自己的過錯。

人生好比行路，總會遇到道路狹窄的地方，每當此時，最好停下來，讓別人先行一步。如果心中常有這種想法，人生就不會有那麼多抱怨了。經常讓人一步，別人心存感激，也會讓你一步，一條小路對你來說也會是坦途通道。初入社會的女孩，在與人相處時一定要注意說話的方式，要隨時隨地給別人留餘地。

◎多說「我們」少說「我」

經常聽演講的人，大概都有過這樣的經驗，就是演講者說「我這麼想」不如說「我們是否應該這樣」更能讓你覺得和對方的距離接近。因為「我們」這個字眼，也就是要表現「你也參與其中」的意思，所以會令對方心中產生一種參與意識。

人心是很微妙的，同樣是與人交談，但有的說話方式會令對方反感，而有的說話方式卻會令對方不由自主地產生妥協之心。所以，在開口說話時，女孩們要注意這樣的細節，多用「我們」來作主語，因為善用「我們」來製造彼此間的共同意識，對促進我們的人際關係會有很大的幫助。

在人際交往中，「我」字講得太多並過分強調，會給人突出自我、標榜自我的印象，這會在對方與你之間築起一道防線，形成障礙，影響別人對你的認同。

很多情況下，你用「我們」一詞代替「我」，可以縮短你和大家的心理距離，促進彼此之間的感情交流。例如：「我建議，今天下午……」，可以改成「今天下午，我們……好嗎？」

另外，在公司會議上，你想說：「我最近做過一項調查，我發現四〇％的員工對公司有不滿的情緒，我認為這些不滿情緒……」如果你將上面這段話的三個「我」字轉化成「我們」，效果就會大不相同。說「我」有時只能代表你一個人，而說「我們」代表的是公司，代表的是大家，員工們自然容易接受。

而不可避免地要講到「我」時，你要做到語氣平淡，既不把「我」讀成重音，也不把語音拖長。同時，目光不要逼人，表情不要眉飛色舞，神態不要得意洋洋，你要把表述的重點放在事件的客觀敘述上，不要突出做事的「我」，以免使聽的人覺得你自認為高人一等，覺得你在吹噓自己。

06 有錢的女人掌握主導權

◎有錢才能獨立，獨立才有自信

女作家維吉尼亞伍爾芙說：「女人要想獨立，就要有自己的支票本和自己的一間房。」有的女人認為嫁給了一個有錢人，從此就可以高枕無憂了，但無數的事實都證明了，靠男人不如靠自己，用男人的錢不如花自己的錢安心。

要知道，有錢男人心裡，女人永遠不如「錢」值錢。當你把所有的生活壓力都推到了男人身上，又怎麼可能站得穩當贏得徹底？也有一些女人整天叫嚷著「要嫁就嫁有錢人」，可是你有沒有想過，有錢的男人為什麼要娶你？現在這個社會，連容貌都可以造假，更何況是人心。看一下近幾年直線上升的離婚率，你就會明白，婚姻也是非常不保險的。

女人們，千萬別覺得有了金龜婿就可以高枕無憂，如果不幸失去飯票，年紀愈大，生活上的衝擊也將愈難承受。就算能好聚好散拿到贍養費，如果自己沒有謀生或理財的能力，還是會面臨坐吃山空的窘境。

女人還是要自己有賺錢或理財的能力，這樣，就可以隨心所欲地裝扮自己，給自己買化妝品、名牌衣服、做各種學習，讓自己有追求更加優秀男人的資本，還可以周遊世界，讓自己的生活更加精彩。

我們可以用錢來換取內心的力量。莎士比亞有一句名言：「金錢是一個好士兵，有了它就可以使人勇氣百倍。」因為不必向人家伸手索取，不用看別人臉色，你永遠是自信而理直氣壯的。牢記一句話：女人一定要有錢，因為沒人能養你一輩子！自己有錢了，就不必為了錢委屈自己嫁給不喜歡的老男人、醜男人、庸俗男人，不必對依附的男人低三下四。金錢可以保證我們的自由、尊嚴和追求幸福的權力。

舊時代裡，女人被稱為弱者，緣於女性完全從屬於男性；而今天，女人們覺醒了，她們擺脫了男人的束縛，用自己的勤勞和智慧向世人證明女人不比男人差，女性能頂半邊天。現代女性都明白，只有經濟上的獨立才能算是真正的獨立。

許多心理學家都說過，收入決定一個人的自我感覺，女人隨著收入的快速增長，她們的自我感覺也會越來越好，她們相信自己的能力，並且善用年輕的優勢，很早便建立起了財富意識，做起了快樂的小富婆。因此，有人說：「女人一定要有錢，有錢才能獨立，獨立才有自信，自信才會美麗！」

◎愛財，更要惜財

很多女人一方面說著要獨立、要賺錢養活自己，一方面卻又揮金如土，花錢沒有計劃。其實，錢也是有感情的，你對它好，你珍惜它，它才會來找你；如果你不知道珍惜，不愛錢，錢就不會來找你。

克德石油公司老闆波爾．克德有一天去參觀一個展覽，在購票處看到一塊牌子上寫著：「五時以後入場半價收費。」克德一看手錶是四時四十分，於是就在入口處等了二十分鐘後，才購買了一張半價票入場，節省下一半的價錢。要知道，克德公司每年收入上億美元，他之所以節省區區幾塊錢，完全因為他節儉的習慣和精神使然，這也是他成為富豪的原因之一。

可見，除了愛錢之外，還要惜錢，也就是說，除了想發財，還要想辦法保護已有的錢財。猶太富商亞凱德說：「猶太人普遍遵守的發財原則就是不要讓支出超過自己的收入，如果支出超過收入便是不正常的現象，更談不上發財致富了。」

松下公司創始人松下幸之助曾告訴人們：要愛金錢。這句話說得一針見血，如果不愛錢，就抓不住財富，只有愛錢，財富才會逐日增加。

卡內基也認為女性朋友們要掌握好用錢的「成功法則」，因為金錢所代表的力量，就是幫助女性們成長的力量，她們必須使這種力量充滿活力，持之以恆，這樣才能有效地引導和運用這股力量。

女人們想要有錢，首先要愛錢。只有對金錢有了愛惜之情，你才會在日常生活中尋訪金錢的影子，才會想盡各種辦法去賺錢，才會在日常生活中減少浪費。只有學會了珍惜金錢，合理地支配金錢，你才能將自己的財富運用得當，才能守住自己的財富；另外，你還必須學會投資，也就是金錢的「再創造」，這樣才能讓錢生錢，讓自己更有錢。

◎花錢買面子要量力而為

女孩們都有一點虛榮心，花點錢為自己添購一些昂貴的行頭，把自己打扮成耀眼奪目的女王。其實，女孩子多寵愛自己一點沒有錯，但是要考慮自己的荷包能否承受得起，不要為了人前風光，而在人後受罪。

有些女孩，月初的時候當購物狂，外表光鮮亮麗，購物時灑脫豪爽，一到月底便囊中羞澀，只能吃泡麵勉強度日，數著手指頭盼望發薪水的日子快點到來。要如何才能走出虛榮消費的誤區，積累起自己的財富呢？購物前你應該先想想：

1.買什麼（What）：美味可口的高級餐飲、做工考究的精美服飾、高級的進口音響，可根據自己的經濟狀況妥善安排，並非非買不可。

2.為什麼要買（Why）：尤其是購買那些價格較高，非生活必需品時，要鄭重地權衡一下是否符合家庭成員的共同需求，及是否為家庭經濟收入所允許。

3.什麼時間去買（When）：購物時如果能巧妙利用時間差，如在換季大減價的時候購買時裝，就能以較低的價格買到物超所值的衣服；在夏季的時候買冬季的東西，冬季時買夏季的東西，反季購買往往價格便宜又能從容地挑選。

4.在什麼地方買（Where）：一般情況下，在產地購買不僅價格低廉，而且也貨真質好；而即使在同一地方的幾家商店內，也要把握「貨比三家不吃虧」的原則。

5.以什麼方式買（How）：自由經濟市場，商家間的競爭愈來愈激烈，賣家為了爭取顧客也會使出渾身解數，舉辦各式促銷活動，你可多留意這些訊息。

6.什麼人去買（Who）：買生活必需品、服裝等用品，女性往往比男性精明；而購買家電、傢俱等耐用消費品，男性又似乎比女性內行。

掌握了這「六W」，當你在面對商場、超市裡琳琅滿目的商品，光怪陸離的廣告，花樣百出的促銷方式時，便會顯得輕鬆從容，心中有數了。

追求面子一定要量力而為，無論是消費還是投資都要講究原則。如果哪天發現自己不如誰過得好了，應該從自身找原因，努力提升自我，勤奮努力，而不是盲目地為了攀比而刷爆信用卡，去借錢買奢侈品。這樣做只會讓你進入惡性循環，因為年紀輕輕不是為了自己將來的事業和理想多用一分力，而是天天忙於和別人攀比，那你注定是輸家。

◎懂得買名牌也是一種節省

很多女孩深知勤儉的道理，為了省錢從來不買名牌，而總是光顧路邊攤，當看到路邊攤廉價的衣服，一衝動就會大包小包買回家，但每到換季時，翻箱倒櫃整理出一堆令人傻眼的衣服，不禁搖著頭想：「這是什麼衣服啊？」為什麼剛買時的興奮竟會成為現在的懊惱。

愛美是女人的天性，貪小便宜更是女人藏不住的習性，不過，還好女人有聰明的頭腦，只要你能在突然被物質吸引住而失去了理智的剎那冷靜三秒鐘，想一下除了是現在不吃虧外，它真的讓你占到便宜了嗎？

除非你生於富豪之家，不然，若你發現衣櫃裡有幾件還未穿過，而且商標還掛著沒剪的衣服，可要反省一下了。你是不是有過在還沒買衣服之前覺得還不錯，可是當買回家後卻發覺並不適合自己，或穿過一次就被打入「冷宮」了……這些經驗就是被一時的貪念給迷惑了。不要以為衣服便宜就可以隨便買，讓你錢包縮水的往往就是這些看起來很便宜的廉價貨，看著便宜，東買一件西買一件，加起來也是不小的數目。

回想一下，你常穿的衣服，是不是雖貴卻很耐穿的？可能當時讓你買得心痛，可是那件衣服，卻到現在仍愛不釋手。雖然它不會增值，也沒有利息，但是一件高檔衣服的投資能讓你省下一大箱廉價衣服所花的冤枉錢。把省下的錢再拿去投資可以增值又有利息可賺的理財計畫，如此不是讓生活多了正面的構想，而少了許多遺憾嗎？

錢要花在刀口上，懂得買名牌也是一種節省。該買的時候就買，該節省的時候就節省，即使是價格昂貴的東西，可如果那名牌商標會在你身旁伴隨你一生，那就值得投資。

真正懂得節省之道的女孩子都明白，最貴的衣服並不是那些標價高昂的名牌貨，反而是那些買來穿過一兩次就不穿的廉價貨，從現在開始，你應該明白，擁有一大箱的廉價衣，不如擁有幾套高檔名牌貨。

◎想要和需要大不同

面對琳琅滿目的商品，女孩們要分清楚哪些是自己確實需要的，而哪些只是自己想要但不必要的東西。

年輕的女孩常常說，能花錢才能賺錢，所以她們不計後果地進行各種消費，買一個數萬元的包，吃一頓花去半個月薪水的大餐。她們卻說這是一種生活體驗，年輕就應該多見識見識。見識各種消費類型並沒有錯，但一旦這種消費養成習慣，你的生活也就沒有保障了。下次你在購物之前，應該先問問自己：這件東西我是真的需要嗎？買了它我會用多久？它在我這裡真的能實現它的價值嗎？

多問幾次這樣的問題，你就會省下許多不必要的開支。財智女性一方面要不斷地給自己的小金庫注入活水，另一方面要防止進入小金庫的水流走，這樣才能真正讓自己的小金庫存得住「水」。

另外，節儉要有度，不能以心智的發展和能力的提高為代價來拼命節約，因為這些都是你事業成功的資本和達到目標的動力，所以不要因此扼殺了你的創造力和生產力。要想方設法提高你的能力，學習將幫助你最大限度地挖掘你的潛力，使你感受到無比的快樂。

如果一個女人要追求最大的成功、最完美的氣質和最圓滿的人生，那麼她就會把這種消費當做一種最恰當的投資，她就不會為錯誤的節約觀所困惑，也不會為錯誤的奢侈觀念所束縛。

英國著名文學家羅斯金說：「通常人們認為，節儉這兩個字的含義應該是『省錢的方法』，其實不對，節儉應該解釋為『用錢的方法』，也就是說，我們應該怎樣去購置必要的傢俱，怎樣把錢花在最恰當的地方，怎樣安排在衣、食、住、行以及教育和娛樂等方面的花費。總而言之，我們應該把錢用得最恰當、最有效，這才是真正的節儉。」

◎少花一分就是多賺一分

很多女孩一邊感嘆自己薪水太少，一邊又在領完薪水後大方地購物，其實，並不是薪水不夠花，而是她們花錢的方式讓自己越來越窮。如今每個行業都充滿競爭壓力，要想加薪升職必須付出很大的努力，與賺錢相比，省錢是相對容易的，如果在平時的生活中注意節省不必要的支出，就等於多賺多得，帳戶裡就不會顯得那麼窘迫了。

美國有位作者以「你知道你家每年的花費是多少嗎？」為題進行調查，結果有近六十二％的百萬富翁回答知道，而非百萬富翁則只有三十五％知道，該作者又以「你每年的衣食住行支出是否都根據預算」為題進行調查，結果竟是驚人的相似：百萬富翁中編預算的占三分之二，而非百萬富翁只有三分之一。

有錢人和普通人在對待錢財上的區別在於，有錢人養成了精打細算的習慣，對錢財好好規劃，而不是亂花。他們省下手中的錢，然後花在更有意義的地方。節省一分錢，你就為自己增加了一分資本。

女性朋友要記住，節省一分錢，你就賺了一分錢。與其拼了命辛辛苦苦加班或兼差，不如少買兩件趕時髦的衣服、少吃兩頓大餐。如果你對手中的財富不珍惜，到頭來，你就只能被錢追著跑。

◎時間就是金錢

富蘭克林在二百多年前說了「時間就是金錢」，這句話一直流傳至今。時間就好比金錢，甚至比金錢更重要，金錢沒有了可以再賺，但時間過去就沒辦法了。

年輕的我們一定要用好自己的每一分鐘、每一秒鐘，向著自己的人生目標，每天和時間競賽，多做一點事，多積累一些本領，這些都是在為以後積累財富做準備。

懂得理財的女性，身上最大的亮點就是她們總喜歡與時間競賽，她們知道時間就是商機。而許多年輕女孩總認為自己人生才剛開始，所以做什麼也不著急，隨著自己的性子，而後她們卻抱怨，為什麼不如別人？殊不知，時間就是金錢，別人把你用來磨蹭猶豫的時間用來找工作和進修了，一段時間之後，你當然就落後了。記住：金錢永遠鍾情於珍惜時間的人。

現在，女人要想在社會舞臺上嶄露頭角，僅靠「女人本色」是不行的，實力才是真本事。當年輕時，時間就是你最大的資本，我們要充分利用一切時間，不虛度，每天起床前想想自己的人生目標，規劃自己一天的行程，為自己做個時間表。每天睡覺前再回想一下今天的過程，哪些是在實現自己的目標，哪些又是在遠離自己的目標。如果你能用時間換來能力、習慣和實力，未來就能靠這些來聚集你的財富。想想，每天別人都比你珍惜一分的時間，她每天都會比你進步一點點，幾年後，或許她已成為光鮮的財智麗人，而你還是那個每月盼著發薪的女人。

生活如逆水行舟，不進則退。對於年輕的女孩，時間是最大的資本，沒經驗、沒閱歷、沒知識都不可怕，只要充分利用好時間，一切都可以靠積累而來，成為一筆巨大的財富。

◎走出盲目消費的誤區

女人若置身在絢麗奪目的商品之間，左顧右盼，總是愛不釋手，一不小心，就成了購物狂，要做到理性消費很不容易。下面是消費高手的幾招秘訣，或許可以幫助大家儘快走出盲目消費的誤區，為理財打好基礎。

1. 發薪一周內最好不要逛街：剛剛領到薪水的那幾天，女人們都愛成群地往賣場鑽，辛苦了一個月，不犒賞自己好像說不過去，而這時所買的東西往往不是自己最需要的，往往只是為了滿足購物的慾望。所以，從現在開始你應該改變這種消費惡習，在發薪一周內乾脆不要去逛街，眼不見，心不念，錢就省下了。

2.購物要有計畫，避免重複採買：閒下來時可以整理一下衣櫥，做到對自己的衣服心中有數，並按照不同色調、風格整理，這樣就不會發生在衣物上重複花錢的事。同樣，去超市採購前，先清點一下家中日用品的儲量，在購物清單上列出必須購買的商品和如遇打折可購買的商品，以免買回一大堆平時用不著的東西，要不就是儲備得太多，最後用不完過期了反而浪費。

3.去固定賣場購物：這樣可累積紅利獲得折扣優惠，而像沐浴乳、衛生紙等常用的生活用品，可以整箱地購買，這樣可以節省零買的差價。

4.買打折商品要多留意品質：商場時常會推出打折商品，如果正好是自己需要的那就再好不過。然而，在買打折產品時一要注意品質，應儘量挑信譽度高的品牌，二要留心這個產品是不是快過期，避免買到即將過期的產品。

5.嘗鮮也要付出代價：電子商品更新換代的速度十分快，有些人總喜歡做嘗鮮者，只要是自己喜歡的新產品，無論花多少錢都買。其實，一些電子新產品初上市時，產品品質不一定好，反而價格還很昂貴，遲半年再買那些產品，你會發現在不知不覺中已經節省了不少錢。

6. 好看好用的東西不一定適合你： 如搗蒜器、打蛋器等，這些西式廚房必備的家居用品雖然好用也不貴，但中式料理使用度並不高，因此除非必要，否則儘量不要購買。

7. 不要輕易成為會員： 召募會員其實是商家為了吸引顧客長期到商場消費的一種手段，有的品牌會員待遇雖然優厚，但門檻很高，如果你不是這個品牌的忠實粉絲，最好不要輕易成為會員，還有很多地方的會員資格對你來說毫無用處，但是你經常會被推銷員說動了心，花多餘的錢成了會員，事後才後悔莫及，所以，在加入成為會員前一定要仔細思考是否符合自己的消費習慣。

◎存小錢是建築財富城堡的基石

一般來講，儲蓄的金額應為收入減去支出後的預留金額。在每個月發薪的時候，就應先計算好下個月的固定開支，除了預留一部分「可能的支出」外，剩下的錢可以以零存整取的方式存入銀行，或是以定額方式購買基金。

在現今微利時代，也許有人會認為銀行的利率關係不大，其實不然。在財富積

累的過程中，儲蓄的利率高低也很重要，你也可以選擇轉存利率較高的外幣方式，當累積到一筆數額，再轉投資其他獲利較高的理財商品；而如果你連小錢都不願存，怎麼會有投資獲利較高的金融商品的本錢呢！

由於年輕女孩可能沒有太多錢，所以可參考以下方案：

1. **減少活期儲蓄金額：**日常生活費用，需隨存隨取的，可選擇活期儲蓄。活期儲蓄猶如你的錢包，可應付日常生活開支，但利息很低，所以應儘量減少活期存款，如果活期帳戶上有較為大筆的存款，應及時轉為定期存款。

2. **定期儲蓄選長期，獲利相對較高：**存期一般分為三個月、半年、一年、兩年、三年和五年等，定期存款適用於較長時間不需動用的款項，除了能有比活儲較高的利率外，你去動用這些款項的難度也比較高，而在現今低利率情況下，儲蓄收益特徵是「存期越長、利率越高、收益越多」。

3. **定期定額投資基金：**選擇適合自己投資屬性的共同基金，每個月定期定額投資三、五千元，無須特別選擇進場時機，加上定期定額投資可有效分散市場漲跌風險，維持固定且長期的基金投資，通常可賺取較定存更好的收益。

其實，只要選擇適合自己的金融商品，資金不多的職場新鮮人，也能在儲蓄這個看似沒有「油水」的理財時代中賺到不錯的收入。

◎頭腦就是你的本錢

雖然富豪榜上男性總是佔據了大半壁江山，但並非女人就沒有思考致富的可能，其實女性思維的細膩、直覺等特點是理財很大的優勢，聰明的頭腦就是致富的本錢。

億萬富翁亨利·福特說：「思考是世上最艱苦的工作，所以很少人願意從事它。」成功學大師拿破崙·希爾在《思考致富》一書中說：「如果你想變富有，你需要思考，獨立思考而不是盲從他人。富人最大的一項資產就是他們的思考方式與別人不同。」

說到創富，人們常會用「任重道遠」來表達自己的無奈之情，認為這是個艱難曲折的過程，遙不可及。殊不知，有時僅是一個別具匠心的思路，一套推陳出新的方案，就能讓你輕而易舉地踏上成功之路。成功和失敗的分水嶺往往就是我們有沒有去思考。有的人去思考了、去努力了，然後成功了；平庸的人只知道埋頭苦幹，而成功的人卻能掌握時機，努力提高自己的思考能力或者參考別人的經驗，對發現商機來說是很重要的。

蕭伯納說過：「人們在看事物時都視為當然，說道：『有什麼奇怪的？』我從來不把事物視為當然，反倒問道：『為什麼我要這樣子？』當我們看到有些人獲得不凡的成就時，往往會認為他們不是走運便是天生命好，卻很少有人會想到是那些人善用腦力的結果。」猶太人被稱為世界上最精明的人，他們的家長在教育孩子時說：「當大火要燒毀你的房屋時，你只需要帶著你的大腦和書本逃生。」可見，聰明才智對於獲得財富的重要性。

你的頭腦就是你最有用的資產，成功的女性從不墨守成規，而是積極思考，千方百計對方法和策略予以創造性的改進。如果你一味地只做別人做的事，你最終只會擁有別人擁有的東西。年輕女孩們，學會思考吧，每一天有一千四百四十分鐘，哪怕你多用一%的時間來思考、研究、規劃，也一定會有意想不到的結果出現。

財經書報雜誌中有致富之路

女人要有錢，就必須要與能夠幫助我們獲取財富的東西結緣，這些東西包括財經資訊。聰明的女性都懂得對自己的投資積極地投入時間，經常翻閱財經雜誌、理財書籍或收看財經節目。經常閱讀財經資訊的女性能夠運用自己的知識解決別人無法解決的問題，也會運用這些知識為自己創造財富。對女性朋友來說，閱讀財經資訊是理財致富不可或缺的一環。

為了投資股票，你要開始關心政府政策，要堅持讀報的習慣，這樣會使你瞭解經濟運行的規律，如果連這些努力都不想付出，你是無法從投資裡獲得利潤的。

看財經報紙可利用搭捷運或者公車的時間，但上下班的時候坐地鐵的人很多，你可能會想：「這裡擁擠得連呼吸都困難，怎麼看報紙？坐著睡一會兒才是最舒服的！」可是你只要比平常提早二十分鐘出門，除了可以避開嚴重的交通堵塞，還可以提早到辦公室看報紙呢！

關於理財的報紙大多數都比較專業，但也不乏生動活潑的內容，它們能給你提供最新的理財資訊，只要你每天能抽出一點時間來閱讀，它就能帶給你很多啟迪。一段時間後，你就能慢慢地感覺到理財氛圍就在你的身邊，也能感覺到資訊真的能變成錢；如此堅持下去，幾年之後你也能變成理財高手了。

理財書籍一般講得比較細且全，而且現在的書籍都很大眾化，在語言上講求通俗易懂，你完全可以理解裡面的內容。另外，在網路上，你只要在入口網站輸入

「理財」兩個字，就會出現很多的專業理財網站，上面有很多理財大師的建議和案例供你研究學習，而電視臺和電臺也有一些理財相關節目和財經評論，也可按時收看或收聽。

在學習了相關的理財知識後，你可以嘗試給自己列一個財務計畫。要清楚自己的資產情況，訂定自己的理財目標，考慮外界因素的影響。隨著你的財富和知識的增加，你可以嘗試投資，無論是基金還是債券抑或是股票，你都可以拿來初試牛刀。在理財的過程中，經驗也是很重要的，要多向理財的成功人士請教，會理財的人，本身就是一種財富，如果你身邊有這樣的人，或身邊的人認識相關的人，不妨多向他們請教一下。

每一位女性除了要做到收集專業資訊之外，也要隨時更新自己的理財常識，對自己的投資一定要付出時間、勤做功課，抓住產業經濟的脈動，才不會讓自己的理財水準在原地打轉。

◎頻頻跳槽，小心一腳踩空

對現在的年輕女孩來說，跳槽不是一件了不起的事，有的人甚至會一年換好幾個工作。從正面來說，跳槽有利於在不同的環境裡學到更多的知識，也有利於突破工作瓶頸，但是，跳槽的目的是為了跳高，而不是踩空，如果跳槽的次數過於頻繁，就會讓自己跳出麻煩。

無論你怎麼小心，跳槽還是有風險的，它很容易讓你之前的工作經驗歸零，且跳槽就意味著你需要重新找工作，找工作會花費你多少錢呢？根據人力銀行的線上調查顯示，社會新鮮人平均找到工作的時間是三十六天，而在失業率居高不下之時，要找到一份「理想」的工作，可能需要花費更多的時間，這段時間，如果你不是有充足的積蓄或是家人的奧援，日子是很難捱的。

從長遠看，在一個公司待上幾年時間，就有升職加薪的機會，頻繁跳槽者假使每年換幾次工作，每次都能獲得加薪，但那都是在被錄用為正式員工之後的事，在試用期三個月內通常只能領較少的打折薪。

當然這還是在比較理想的情況下，很多時候你還得在無薪水的日子等待錄用通知，也可能會由於不斷更換新環境而需要更大的花費，比如重新置備「行頭」、搬到離新公司更近的地方住、重新建立與新同事的關係等，更重要的是，大多數公司發放年終獎金都是以員工的任職年限為標準，作為新人的你，年終獎金自然會很微薄。

所以，就全面、長期的規劃來看，為了尋求更好的待遇，不斷地更換工作，或許能讓你暫時跳脫工作的枯燥乏味，但也會由於不斷更換新環境而需要你投資更大的成本。實際上，薪資收入的高低不能代表財富的多少，目前賺較少的錢不見得就不能積累財富，財富的積累是持之以恆的結果，工作經驗的累積才真正是你累積財富的基礎。

07 只會夢想注定失敗，懂得規劃才會成功

◎二十幾歲太閒，三十幾歲會被嫌

二十幾歲這十年，絕大部分人都會經歷人生中兩個最重要的轉折：從畢業到就業；從單身到結婚。二十幾歲時培養起來的心智成長度和心靈成熟度，將會決定我們未來二十年、三十年，甚至一輩子的命運。

對於女孩子來說，二十幾歲這幾年尤其重要。二十幾歲時，可以一心一意為自己打拼，當有了家庭，有了孩子，每個女人都將扮演多重角色，為人妻、為人母，同時還要照顧已經年老的父母。女人一旦進入這個階段，就很難有時間再為自己打算了。也許你已經看過這個故事，但我還想重述一遍。

李嘉誠和他兒子在一家餐廳用餐完畢時，李嘉誠給了二十元小費，他兒子給了二百元小費。有人問李嘉誠：「你兒子都給了二百元的小費，你才給二十元，對此你有什麼想法？」李嘉誠回答道：「我沒有想法，因為我沒有一個有錢的老爸。」

「沒有一個有錢的老爸。」多麼睿智的回答！這也是我把自己推著一步步往前走的主要原因。其實，九○%以上的人都沒有一個有錢的老爸，所有的一切都要靠自己去打拼，靠我們自己努力，讓心智得到成長，讓心靈得到成熟。

「白天圖生存，晚上謀發展」已經成為許多二十幾歲年輕人的奮鬥口號，每個人都感到一種危機感，覺得生活在一步步推著我們往前走。

只要我們仔細觀察就會發現，很多處於同年齡段的人，剛畢業那幾年沒覺得有什麼不一樣，都是社會「菜鳥」，都經歷著迷茫與困惑；然而進入三十歲以後，從收入上、社會地位上看，彼此的距離就會逐漸拉開，這個跟其心態建設、能力鍛煉、性格鑄造、習慣培養等不無關係。

每個年輕的女孩子，就像一朵含苞待放的花朵，懷著夢想的種子，盼望著傲然綻放的那一刻。只是，在這個世界上，很少有人能一帆風順，成功不像我們想像的那麼容易。於是，有的女孩子受不得累，吃不了苦，耐不住寂寞，擋不住誘惑，埋怨薪資低，怨嘆待遇差，羨慕揮金如土的富家女，眼紅人家找了個有錢的老公……抱怨牢騷連連，頻繁跳槽成為家常便飯，工作只為打發時間更是普遍現象。抱怨自己生不逢時，沒趕上當年那種經濟起飛的年代；抱怨自己沒有一個可以讓自己衣食無憂的富爸爸；抱怨自己碰不上伯樂，以致讓千里馬無用武之地。

確實，對於女孩子來說，在社會上立足相對難一些。但是，二十幾歲的女孩子，如果不能趁著這幾年為自己以後的幸福打下堅實的基礎，等到三十幾歲才來求改變，難度就相對增加了。

人的一輩子，前二十年未成熟，生活來源依靠父母，命運的選擇權基本掌握在父母手裡；後二十年已衰老，要依靠子女或社會；三十五歲到五十歲，人生處於中年時期，可謂「刀槍不入」，價值觀與人生觀已經定型；三十歲到三十五歲是人生角色增加與變化最多的五年，晉升——從職場新人到中層管理者，結婚——從為人子女到為人夫、為人妻到為人父母，基本沒什麼時間與空間讓你進行人生的思維鍛煉與能力提升，只有二十幾歲的這幾年，是你能掌握自己未來命運的選擇權與發言權的黃金時段。

當然，二十幾歲決定女孩子的一生，不意味過了這十年你的人生就定型了，而是在這十年裡，你信什麼、要什麼、靠什麼、想什麼、學什麼、做什麼，都會影響到你以後的人生路途。人生越早改變，就越容易改變！

二十幾歲的女孩子，你要是不早早成熟，有可能一輩子都庸庸碌碌，趁年輕，多經歷一些磨難，可以讓以後少遭遇災難。

◎像經營商品一樣經營自己

商品都有自己的品牌，去逛街購物，我們寧可多花錢也要買品牌商品，就是因為品牌商品有品質的保障。同理，我們也要打造屬於自己的「個人品牌」，一旦擁有了個人品牌，你在職場就會所向無敵，你的名字就成了你工作能力的象徵。

要打造個人品牌，就得要時時保持你的競爭力。好的品牌之所以強勢，就是因為它結合了正確的特性、吸引人的性格，以及隨之而來與消費者的良好互動關係，只有這樣，才會美名遠揚，替自己創造更多的機會！

1. **不斷提升自己的專業能力：**專業能力代表了足夠的知識、技能，可以滿足工作的需要，擁有專業能力是一種絕佳的個人品牌，是一種內涵的呈現。由於不斷地有新知識及新技術推出，為了避免過時，專家也必須不斷地提升專業能力，這是打造個人品牌首先要注意的。

2. **擁有謙虛的態度：**即使你已經擁有很好的成績，懂得謙虛仍是非常重要的。許多社會名流，越是成功，越是對人謙和，無論什麼時候，謙虛的人都會受歡迎。

如果你能力有限，謙虛會讓人感覺你誠實上進，如果你工作能力很強，謙虛會讓人感覺你的品格很高，值得尊敬。

3.維持學習的態度：學習力及學習心是不老的象徵，也是延續個人品牌的手段，一個不斷學習的人內在是豐富的，也更容易擁有自信心及保持謙虛的態度。學習會讓你時時刻刻感覺在進步，學習會讓你找到自身的不足，從而改掉陋習。

4.強化溝通能力：溝通能力包括傾聽能力及表達能力，個人品牌必須透過溝通能力傳達出去。你必須要有能力在大眾面前清楚地表達，透過文字傳達思想；也要學習站在他人的角度看事情，嘗試以對方聽得懂的語言溝通，為了達到這個目的，學會傾聽是必要的。

5.親和力：親和力是一種甜美的氣質，能讓人在不知不覺中被你吸引；親和力也是一種柔軟的積極性，是透過與人親善的特質發揮更多的影響力。

6.外表：外表是很重要的，當別人還沒有機會瞭解你的內涵時，就會從你的外表開始判斷你的好壞，以整潔俐落來訴說你充沛的精力及良好的態度，是職場女性必備的能力。

建立個人品牌，可以從自己的強項開始。每個人都有自己獨特的能力，從自己獨特的能力開始，是最容易建立個人品牌的方法，也是讓你快速脫穎而出的秘訣！雖然這是個自我行銷的時代，但你的表現才是你的「最佳履歷」，你必須做到處處塑造自己的風格，讓每個見過你的人都能記住你，且這個印象能和你的能力和風格契合，那樣，成功就離你不遠了。

◎為十年以後的自己立目標

有夢想的女孩，可以在腦海中把自己實現夢想時的畫面勾勒出來，當你能夠清晰地想像自己十年後的模樣時，你才有可能在十年後真的變成夢想中的你。問問自己，十年後你想成為什麼樣的人，然後以此為目標，一步一步靠近夢想中的自己。

有一篇文章，名為《十年以後你會怎樣》，其中寫道：女人十八歲之前，是個不知道自己想要什麼的人，每天就在藝校裡跟著同學唱唱歌、跳跳舞，偶爾有導演來找她拍戲，她就會很興奮地去拍，無論角色多麼小。直到有一天，教她專業課的趙老師突然找她談話，問她：「你能告訴我，你未來的打算嗎？」女人一下子愣住了。她不明白老師怎麼突然問她如此嚴肅的問題，更不知該怎樣回答。

老師又接著問她：「現在的生活你滿意嗎？」她搖搖頭。老師笑了：「不滿意的話證明你還有救。你現在想想，十年以後你會怎樣？」

老師的話很輕，但是落在她心裡卻變得很沉重，她腦海裡頓時開始風起雲湧，沉默許久後她說：「我希望十年以後自己能成為最好的女演員，同時可以發行一張屬於自己的音樂專輯。」

老師問她：「你確定了嗎？」她慢慢咬緊嘴唇，「是」，而且拉了很久的音。「好，既然你確定了，我們就把這個目標倒著算回來。十年以後你二十八歲，那時你是一個紅透半邊天的大明星，同時出了一張專輯。那麼你二十七歲的時候，除了接拍名導演的戲以外，一定還要有一個完整的音樂作品，可以拿給很多唱片公司聽，對不對？」「二十五歲的時候，在演藝事業上你要不斷進行學習和思考，另外，你還要有很棒的音樂作品開始錄製了；二十三歲必須接受各種各樣的培訓和訓練，包括音樂上和肢體上的；二十歲的時候開始作曲、作詞，並在演戲方面要接拍大一點的角色……」

老師的話說得很輕鬆，但是她卻感到一種恐懼。這樣推下來，她應該馬上著手為自己的理想做準備了，可是她現在什麼都不會，什麼都沒想過，仍然為小丫環、小舞女之類的角色沾沾自喜。她覺得一種強大的壓力忽然向自己襲來，老師平靜地笑著說：「要知道，你是一棵好苗子，但是你對人生缺少規劃。如果你確定了目標，希望你從現在就開始做。」

想想十年後的自己——當她意識到這是一個問題的時候，她發現自己整個人都覺醒了，從那時起，她始終記得十年後自己要做成功的明星，所以畢業後，對角色她開始很認真地篩選，漸漸的，她被大家接受了，她慢慢地嘗到了成功的歡樂。

這個女人就是知名的影視歌三棲明星周迅，毫無疑問，所有這些成就的取得，正是周迅牢記老師的話，孜孜以求、奮爭不止的結果。

人的一生都要不斷地給自己樹立目標，何況現在的你還年輕，做好自己的人生規劃，不要空等成功的降臨。不想荒廢青春的女孩，就要像周迅那樣，在適當的時候，問問自己：十年以後你會怎樣？十年之後你想怎樣？然後，按照自己的目標，訂出計畫，並一步一步向自己的目標前進。當有了目標，只要早上一睜開眼睛，就會期待今天又是精彩的一天。

◎沒有目標，就沒有到達的一天

確立目標，是人生規劃的重要樂章。不甘做平庸之輩的女孩子，必須要有一個明確的追求目標，才能讓自己奮力向前。

一九五三年，美國哈佛大學曾對當時的應屆畢業生做過一次調查，詢問他們是否對自己的未來有清晰明確的目標，以及達到目標的書面計畫。結果，只有不到三％的學生給出了肯定的答覆。二十年後，研究者再次訪問了當年接受調查的畢業生，結果發現那些有明確目標及計畫的三％學生，在二十年後不論在事業成就、快樂及幸福程度上都高於其他人，且這三％成功者的財富總和，居然大於另外九十七％學生的財富總和，而這就是設定目標的力量。

我們需要提升生存的智慧，思考成功，追求卓越，對人生的意義、人生的價值、人生的幸福等問題交出較滿意的答案卷。目標是構成成功的基石，是成功路上的里程碑，一步一腳印去實現這些目標，你就會有成就感，就會更加信心百倍。

目標是一種持久的渴望，是一種深藏於心底的潛意識，你一旦想到這種強烈的願望，就會產生一種不絕的動力，在艱難險阻面前，絕不會輕易說「不」字。

正如美國成功學家拿破崙．希爾所言：「你過去或現在的情況並不重要，你將來想獲得什麼成就才最重要。除非你對未來有理想，否則做不出什麼大事來。有了目標，內心的力量才會找到方向。」忽視目標定位的人，或是始終確定不了目標的人，他們的努力就會事倍功半，難以達到理想的彼岸。

一個一心向著自己目標前進的人，整個世界都會為他讓路。如果你確定知道自己要什麼，對自己的能力有絕對的信心，你就會成功；如果你還不知道自己的一生想要追求什麼，現在就開始，此時此刻，想好自己要什麼，你有幾分的決心，何時會做到。你可利用以下四個步驟，認清你的目標：

第一，把你最想要的東西用一句話清楚地寫下來。當你得到或完成你想要的事物時，你就成功了。

第二，寫出明確的計畫，如何達成這個目標，清楚地寫出你要怎麼做。

第三，訂出完成既定目標明確的時間表。

第四，牢記你所寫的東西，每天復述幾遍。

遵照這幾項步驟，很快地你會驚訝地發現，你的人生愈變愈好。這一套模式將引導你與無形的夥伴結合，讓他替你除去途中的障礙，帶給你夢寐以求的有利機會。持續進行這些步驟，你就不會因為別人的懷疑而動搖。

記住，任何事情都不會偶然發生，都一定是有原因的，包括個人的成功。成功都是下定決心，相信自己會做到的人，以切實的行動、謹慎的規劃及不懈的努力而達到的結果。如果沒有目的地，就永遠沒有到達的那一天。

◎生命雖然有限，精彩卻可以無限

算一算我們的時間，一天二十四小時，你有多少時間留給自己？人的一生中，有三分之一的時間用來睡覺，三分之一的時間用來做其他的事情，真正用來工作的只有三分之一的時間。

有的女人崇尚悠閒，安於散漫，三三兩兩聚在一起能聊個天昏地暗，有什麼不順心的事能一個人鬱悶好幾天。入了職場，女人的興趣似乎越發廣泛，愛情婚姻、時尚裝扮、娛樂八卦都日益成為她們興趣的重心，漸漸取代了原先想要出人頭地的願望。

這樣的生活看似自在，但年輕時正是奮鬥學習成長、積累自身實力的時期，年老時才能靠著智慧經驗或者年輕時儲蓄的財富過日子。世界上最寶貴的是時間，最被人輕視的也是時間，時間負載著我們所擁有的一切，但是我們在年輕的時候，卻總以為有用不完的時間，於是毫不憐惜地蹉跎歲月，這是一件多麼可悲、可惜的事啊！

女人，你還以為你有大把的時間可以揮霍嗎？如果上帝沒有賜予你傲人的姿色、出色的才能、高貴的出身，但是請你相信，上帝給了你公平的時間。積極地投身生活吧，別等走到生命的盡頭才遺憾自己並未「燃燒」，告別平庸麻木的生活吧，讓我們盡情釋放自己，做一朵風雨中迎風起舞的鏗鏘玫瑰！

◎讓你的潛能無限伸展

潛能猶如一座待開發的金礦，蘊藏無窮，價值無限，而每一個女人都有一座巨大的潛能金礦。奧里森．馬登說：「我們大多數人的體內都潛伏著巨大的才能，但這種潛能酣睡著，一旦被激發，便能做出驚人的事業來。」

即使是被稱為二十世紀最發達大腦的擁有者愛因斯坦博士，終究也不過僅僅使用了自身能力的十%！人類的大腦是世界上最複雜、也是效率最高的資訊處理系統，別看它的重量只有一千四百克左右，其中卻包含著一百多億個神經元。從出生到老年的漫長歲月中，我們的大腦每秒鐘足以記錄一千個資訊單位。

著名的俄羅斯學者兼作家伊凡．葉夫里莫夫指出：「人類平常只發揮了極小部分的大腦功能，如果能夠發揮一半的大腦功能，將輕易地學會四十種語言、背誦整本百科全書、拿十二個博士學位。」

可見，每個人的身上都蘊藏著巨大的潛能，這些潛能對人生價值的實現有著舉足輕重的作用。只要我們有效地開發自身的潛能，不但可以實現人生的種種願望，甚至可以創造出令人訝異的奇蹟。

你是不是經常因為一點點小挫折就從心裡否定自己，暗自沮喪，喪失了繼續前行與奮鬥的勇氣？如果真是如此，你應該及時改變這種消極的心態，你的潛能寶藏還未被你挖掘出來，你的能力與才華也並未得到正確而充分的展示。千萬別因為在現實中遇到困難就對自己失去信心，趕快喚醒你心中的「巨人」吧。

1.每天暗示自己「你做得很好」：想要成功，你要每天在心中念誦自勵的暗示宣言，並牢記成功心法；你要有強烈的成功欲望、無堅不摧的自信心，如果你使精神與行動一致的話，一種神奇的力量將會替你打開寶庫之門。如果在你的潛意識中你是一個幸福的女人，你會不斷地見到一個充滿信心、積極進取的自我，這股力量將會幫助你成功。

2.將你的精神標語寫下來：例如「我一定可以完成這個目標」、「我現在感到很幸福」，清楚的標語能使你的目標具體，這是光憑記憶做不到的。每天念誦兩次

你的精神標語，一次在剛醒來的時候，一次在臨睡之前，這兩段時間是你潛意識活動比較弱，最容易與潛意識溝通的時段。在念誦的時候，你要貫注感情，並且想像你成功的樣子。

3.使用積極和正面的言辭：在我們的潛意識狀態中，積極的信念會比消極的自我暗示更容易產生影響力，例如，你心裡很害怕時，如果你說「沒有什麼可怕的」，會比「好恐怖，怎麼辦呢」這樣的話語更有鎮靜作用。

4.想像成功後的自我：偉大的人生始自你心裡的想像，即你希望做什麼事、成為什麼樣的人。在你的心裡，應該穩定地放置一幅自己的畫像，如果你替自己畫一幅失敗的畫像，那麼，你必將遠離勝利；相反，替自己畫一幅勝利的畫像，你與成功即可不期而遇。

5.給自己製造「適量」的壓力：在面對險惡絕望的環境時，無論動物還是人，出於求生的本能，都易於激發自己的潛能，從而創造令人匪夷所思的奇蹟。明白了潛能激發的道理，我們就可以給自己製造「適量」的壓力，例如「在下班之前我務必要拜訪五個客戶」、「三個小時之內把所有工作完成」等等，只要這種壓力在你的承受範圍之內，你就能因此開發出無窮的潛能，並能順利地完成任務。

6.挑戰一次自己的極限：多嘗試做一些自己從來沒做過的事情，例如當眾做一次激情洋溢的演講，參加一次馬拉松長跑比賽。每個人皆有著巨大的潛能，但由於沒有進行各種訓練，以致潛能似乎都未得到淋漓盡致的發揮，在尋求極限體驗的過程中，隨著極限時刻來臨，你的潛能會一次又一次被激發出來，你會感到自身的力量是無限的。

◎別把前途壓在算命上

很多女人都對算命情有獨鍾，只要聊起有關算命的話題，一定興致盎然，眉飛色舞、滔滔不絕。當一個男孩出現了，她會在網上用塔羅牌算算他們是否有緣；當工作不順心的時候，她會在電腦免費算命裡點「關公靈簽」，看看自己在公司裡會不會地位不保。但是算來算去，除了心靈寄託，好像也沒什麼實質幫助。

算命，大多數時候是心裡充滿了迷茫，不知道未來會怎麼樣，不知道該何去何從才產生的一種迷信。這個世界充滿了太多的不確定，會讓我們心生不安；這個世界充滿了太多的未知，讓我們忍不住想要去猜測。

有人說，命運掌握在自己手中，可經歷了很多事情之後，就會發現命運好像很難掌握在自己的手中，我們很容易受到命運的捉弄。所以在疑惑中開始尋求算命的解釋。特別是碰到愛情和婚姻的難題，遭逢失意和彷徨的時刻，很多女孩尤其依賴算命。

雖然算命可以獲得一時的寄託，甚至有時候算命先生（電腦）還真能碰巧說準什麼，但從根本上說，算命並不能預測你的前程和運道，其實大多數算命先生之言，其實也都是社會經驗累積、察言觀色的結果。

算命其實是一種很古老的統計學。我們知道，人各有氣質，有錢人、窮人氣質、個性大不一樣，而不同類型的人群中，又會各有相異或相似之處。古人經過不斷統計和收集，整理出了一套辨別生命密碼的方程式，而一個口碑極佳的算命先生，除了洞察人世之外，還善於評估你的智慧、性格、能力，加上你擁有的環境，以此來推算你命運的發展，所以說，一個「高明」的算命先生，其實也就是心靈輔導師的化身。

算命不可預測你的未來，受算命這種虛無縹緲的東西玩弄擺佈，其實比受命運的擺佈還要不值。生命難免會經歷迷茫和彷徨，這時候我們需要的是打起精神，清醒的規劃我們下一步的目標，而不是把命運壓在算命上。

◎規劃你的學習生涯

當今社會，到處充斥著各種各樣的競爭，人們只有不斷學習，才能改變自己的命運。那麼女性朋友怎樣規劃自己的學習生涯呢？以下就是一份學習計畫書，不妨參考一下：

1. **做好自我評估：**自我評估的目的是為了認識自己、瞭解自己，只有認識自己，才能對自己的學習目標做出正確的選擇，才能選定適合自己的學習方向，才能為以後的職業生涯做出最佳抉擇。自我評估應包括自己的興趣、特長、學識、性格、技能、思維方式等，通過對自己的經歷及經驗的分析，找出自己的專長與興趣，這是學習生涯規劃的第一步。

2. **充分認識和瞭解外在環境：**包括工作與教育的權利、工作的機會、政治環境、經濟環境、社會環境、文化環境的認識與探索等。

3. **確定志向和目標：**在制定學習生涯規劃時，首先要確定志向，這是學習生涯規劃中最重要的一點。目標的設定要以自己的最佳才能、最優性格、最大興趣、最有利環境等資訊為依據。

4. **選擇未來職業路線的發展方向：**應該問自己，未來的職業是向行政管理路線發展、專業技術路線發展，還是先走技術路線，再轉向行政管理路線，由於發展路線不同，對職業發展的要求也不相同，所以一定的支援系統是必要的。因此，在職業生涯規劃中必須做出抉擇，以便使自己的學習、工作以及各種行動都沿著職業生涯路線或預定的方向前進。

5. **付諸行動：**沒有行動，目標就難以實現，也就談不上終身學習。在擬定行動計畫時要清楚，工作方面應當採取什麼措施以便提高工作效率，在業務專業方面應計畫好該學習哪些知識、掌握哪些技能；在潛能開發方面，該採取什麼措施開發個人潛能等，都要有具體的計畫與明確的方向，並且這些計畫要明晰具體，以便於檢核。

6. **評估與修訂學習生涯規劃：**要使學習生涯規劃行之有效，就必須不斷地對其進行評估與修訂。修訂的內容包括：學習內容的重新選擇，學習生涯路線的選擇，人生目標的修正，實施方針與計畫的變更等。當然，計畫的制訂因人而異，你可以根據自己的情況稍作調整；而計畫制定的最終目的是為了執行，所以，你以後的行動就更為重要了。

◎行動讓你更美麗

要獲得成功，必須勇於將計畫付諸行動。任何一個偉大的計畫，如果不採取按部就班的行動步驟，就像只有設計圖而沒有蓋起來的房子一樣，只是一個空中樓閣。

雖然行動並不一定能帶來令人滿意的效果，但不採取行動是絕無滿意的結果可言。我們身邊，每天都有成千上萬的人把自己辛辛苦苦想出來的新構想取消或者埋葬，因為他們拖延著，不敢行動。過了一段時間，這些構想又會來折磨他們。

真正成功的人總是少數，因為大多數人只是有想法，並沒有將計畫付諸行動。每天都能聽見有人說：「如果我當時就開始做那筆生意，早就發財了！」或者是：「我早就料到了，我好後悔當時沒有做！」

總有很多事需要完成，不妨就從碰見的任何一件事著手，這是件什麼事並不重要，重要的是你突破了拖延的惡習。從另一個角度來說，如果你想規避某項雜務，那麼你就應該從這項雜務著手，立即進行，否則事情還是會不斷地困擾你，使你覺得繁瑣無趣而不願動手。當你養成「現在就動手做」的習慣，那麼你就將掌握「行動決定成敗」的精義。關於行動的要點有三：

1.心動更要行動：有些人之所以不能成就大事，是因為他們沒有把行動的力量發揮出來。成功與失敗的差別在於：前者動手，後者動口，卻又抱怨別人不肯動手。

2.克服害怕心理，正面挑戰：當人決心用行動去實現夢想時，就將面臨各種艱難的挑戰，不害怕是心靈的起點，是為自己設下最堅韌的防護。在現實生活中，也許你被碰得頭破血流，但只要你不害怕碰壁、不害怕失敗，並勇敢去闖，就一定能得到回報。

3.別為拖延找藉口：把拖延當做生活方式是許多人逃避做事的一貫伎倆，他們通常是愛評論的人，也就是自己坐著不動，看人家做，並且還對人家的行為評頭論足。評論容易，力行則需要努力、堅持與改變自己，但唯有力行才能向目標邁進。

二十幾歲的時候，如果你夢想成為一名作家，那麼從今天開始練習寫作；如果你夢想成為一名學者，那麼每天抽出時間來閱讀和思考，並籌集實現夢想所需的資金。要知道，實現夢想的秘訣就在於行動，只有行動才能為夢想創造可能。

◎擺脫窮忙，向目標勇敢挺進

「最近很忙」是很多人的口頭禪，忙著工作，忙著賺錢，忙著進修，忙著花錢，忙著戀愛……「忙」字成了無數人工作和生活的寫照。

可能我們每天工作遠遠超過八小時，一天下來，筋疲力盡，可是，到頭來我們還是窮忙一族；反而一些平時看起來很清閒的人卻每天開著名車疾馳於城市之間，這令我們迷茫了，難道這個世界真的不公平？勤奮沒有用了嗎？

「窮忙族」，即「working poor」，該詞源於歐美國家，歐盟給出的定義是「在工作卻入不敷出，甚至淪落到貧窮線以下的受雇者」，一項網路調查顯示：七十五％的網民自認是窮忙族，有人這樣描述窮忙族：「比月光族更窮，比模範勞工更忙；越窮越忙，越忙越窮。」

一個人很忙卻窮的原因大致說來是因為努力的方向出現了偏差。一隻小小的蒼蠅，用盡短暫生命中的全部力量，渴望從玻璃窗飛出去，牠拼命掙扎也無濟於事，努力沒有給牠帶來逃生的希望，反而成了牠的陷阱，但就在房間的另一側，大門敞開著，牠只要花十分之一的力氣，就可以輕鬆地飛出去。對於剛剛踏入社會的女孩來說，如果僅僅憑藉自己的勤奮去掙錢，而不去深入思考是得不償失的事情，因為所有的努力很可能功虧一簣。

所以，聰明的女孩要讓自己擺脫「窮忙族」，就該先停下忙碌，思考自己選擇的路是否正確，是否能夠發揮自己的強項。如果連方向都是錯誤的，那麼忙碌又有什麼效果呢？看看自己是否將重心放在重要的事情上，而不是花了大量的時間在一些小事情上。

花一些時間思考或者學習如何提高工作效率，做到了高效工作，就可以在很短的時間內獲得大量的財富。應當適時地反省自我，提出合理的目標和計畫，更應花一些時間用來投資自己，提升自己的知識和專業能力，這樣才能讓自己的努力最大化表現為成績，這樣才可能擺脫「窮忙族」越忙越窮的惡性循環。

08 成熟比成功更重要

成功不能以犧牲幸福為代價

很多女性認為在工作和生活之間只能選擇其一，如果努力工作，就不能顧及生活。當有的女性為了家庭忽略了工作，甚至放棄工作時，她們的理由是堂而皇之的，不能夠兩者兼顧，想要照顧好家庭，必然只能將工作放輕、放棄。但是，我們卻發現很多成功的女性，她們擁有了雙重的幸福，來自工作的幸福和來自家庭的幸福，因為她們懂得，成功不能以犧牲幸福為代價。

雖然，「魚和熊掌不能兼得」，但是，生活與工作並不需互為衝突，主要原因在於我們不能放棄其中的任何一個。對美好生活的嚮往是每個人的期望，然而，如果只擁有美好的生活，而失去工作帶來的幸福，生活就會缺少一種色彩，那麼，我們為什麼不能合理地分配時間，合理地安排它們，以得到雙重的幸福呢？

曾看過時尚雜誌主編在她的部落格寫道：「我喜歡工作，也喜歡家。工作時，我的頭腦充滿靈感和夢想，身體裡像充滿能源的加速器一樣，隨時蓄勢待發；在家裡，我的心是充滿幸福的，寧靜滿足，無欲無求，有孩子、先生，還有一隻可愛的小貓……記得有同事向我辭職時常常會這樣說：對不起，我希望有工作也有生活。多少人擁有幸福的家庭和快樂的工作、滿意的成就，就算你暫時沒有駕馭兩者的能力，你不願意試試嗎？」

當我們看到這樣一段文字時，是否應該問問自己，為什麼別人能把工作和生活安排得如此妥當，既在工作中獲得滿足，又可以在生活中獲得幸福。誠然，我們看到諸多成功女性，她們既能擁有如日中天的事業，同時也擁有幸福的生活，或許現在很多人都不能妥善地處理二者之間的關係，但是有那麼多成功的例子，為什麼你不試一試，讓自己擁有雙重的幸福呢？每一個人都可以的，只要願意嘗試。

其實，女性之所以處理不好二者之間的關係，有很大一部分原因是因為沒有一個良好的心態，而且不會安排自己的時間。如果能利用有效的時間把工作處理好，那工作就不用佔用很多生活的時間；實際生活中，我們經常看到一些人工作時喜歡拖延，做一些與工作無關的私事，比如上班時打電話給朋友，實際上，這些電話多數都是無關緊要的，而這樣做的結果會造成工作沒做好，只好不得不去加班完成工作。這時，她們就認為工作和生活是矛盾的，兩者之間只能選擇其一。

有很多人曾問ＧＥ公司總裁傑克·威爾許這樣一個問題：為什麼你會有那麼多時間去打高爾夫球，還能繼續做好ＣＥＯ的工作？他是這樣回答的：就是正確地把握好生活與工作的平衡關係，例如要如何去管理生活，如何支配時間，應該把多少精力和時間放在工作上這些問題。

如今，很多上班族都出現了這樣的問題：睡眠不足、精神疲勞、腰酸背痛等，怎麼解決這些問題呢？要把工作停下來是不太可能的，因為這樣將失去經濟的來源，生存沒法得到保障，這樣的生活還能美好嗎？既然如此，我們必須正視這個問題，工作和生活必須兼顧，我們需要的是雙重的幸福，那麼，怎樣平衡它們之間的關係呢？首先我們應該保證自己的工作效率，並儘量做好時間管理；其次，我們必須保持良好的心態，能調整好自己的心態，讓心情輕鬆，坦然地接受壓力和勞累，這樣能大幅度減低身心疲勞的程度。

人的一生中，工作和生活都是必須兼顧的，少了哪一項都會覺得有缺憾，所以，想要活得精彩，就要平衡好工作和生活的關係，才能擁有雙重的幸福！

物質雖可愛，精神價更高

物質是一種看得見摸得著的慰藉，帶著關懷的溫度，貼近女人的心，光鮮亮麗的外表不僅是美的享受，也滿足了女人小小的虛榮心。在物質文明高速發展的今天，物質對於女人有著極強的誘惑力，作為女人，沒有理由在有限的生命裡刻薄地對待自己，寵愛自己是第一等大事。

舒適的房子、漂亮的睡衣、高檔的化妝品，這些都不過分，只是，對於追求物質切忌不可過度和扭曲，正如一位母親寫給女兒的一句話；「適當地愛物質，但精神永遠更重要，華麗的衣服和全身的名牌都不如你的內心更美麗，要學會讓美從心裡出來。」女人必須明白，愛物質無罪，但是你所擁有的物質必須是通過你自己的努力獲取的。

小倩畢業後順利找了份工作，和大多數女孩一樣，小倩也有小小的虛榮心，也愛美麗的衣服首飾和名貴的化妝品，可是小倩也深深地知道，自己不是什麼貴千金，如果想在炫目的物質世界裡獲得滿足，只能靠自己。於是她更努力的工作，賺來的錢除了幫自己添新衣首飾外，也用在學習投資上，她深知只有讓自己提升層次，才能去圓更大的夢想。

從小倩的經歷看來，她對物質的追求正好是促使她前進的動力，可見有時候適度的築一個物質夢想，也不是不好的事情。

物質幾乎是每個年輕女孩都無法抵擋的誘惑，如果女孩們能透過自己的努力來滿足這些慾望，且在此同時，沒有因為對物質的追求而放鬆對自我的期許，就能讓夢想成為激發自己向前的動力。正如那位母親所說，女人對物質的追求要有節制，物質不能代表一切，比起那些名牌時裝，讓自己更加富有的應該是自己的內心。

◎為夢而活，但不要活在夢中

做夢容易，關鍵是要有所行動，要獲得你想要的東西，你就得有實實在在的成績，否則，空洞的夢想，終有破滅的一刻。

正如英國前首相班傑明．迪斯雷利指出的，雖然行動不一定能帶來令人滿意的結果，但不採取行動就絕無滿意的結果可言——你需要的不只是夢想，你還要付出實實在在的努力，有了想法就去做，這樣你才能成功。

有一位叫萊溫的美國女孩，她的父親是芝加哥有名的牙科醫生，母親在一所知名大學擔任教授，她的家庭對她有很大的幫助和支持，她完全有機會實現自己的理想。她從念中學的時候起，就一直夢想當電視節目主持人，她覺得自己具有這方面的天賦，但是對於這個理想她什麼也沒有做，她在等待奇蹟。

另一個女孩海倫卻實現了萊溫的理想。海倫之所以會成功，完全都是靠自己的努力去爭取。她不像萊溫那樣有可靠的經濟來源，所以沒有白白地等待機會出現。她白天去打工，晚上在大學的舞臺藝術系上課，畢業之後，她開始謀職，跑遍了芝加哥每一個廣播電臺和電視臺，但是，每個經理對她的答覆都差不多：「不是已經有幾年經驗的人，我們一般不會雇用的。」

海倫沒有退縮，而是繼續走出去尋找機會。她一連幾個月仔細閱讀廣播電視方面的雜誌，最後終於看到一則徵人廣告：北達科他州有一家很小的電視臺招聘一名天氣預報員。

海倫在那裡工作了兩年，之後又在洛杉磯的電視臺找到了工作，又過了五年，她終於成為夢想已久的節目主持人。為什麼會這樣呢？因為萊溫在十年當中，一直停留在幻想上，而海倫則採取行動，最後，終於實現了夢想。

成功不在難易，而在於「誰真正去做了」。這個世界不缺乏機遇，缺少的是抓住機遇的手，如果你有想法就要趕緊去做，別擔心失敗或困難重重，人都是在不斷地跌倒與爬起中學會走路的，在不停地實踐與追求中，你就能超越自我，成為一塊閃亮耀眼的真金。

夢想是心靈的翅膀，只有付諸行動才能讓自己騰飛，所有擁有美麗夢想的女孩們，快快行動起來吧，不要讓夢想只在腦海中浮動，用行動來證明你夢想的可能性！

◎偶像劇裡的愛情不可信

偶像劇裡的愛情，大都有著甜蜜的愛戀，完美的結局，很多愛做夢的女孩總讓自己沉溺其中，想像自己正像電視劇裡的女主角一樣擁有豪宅、名車和體貼浪漫的好男人，然而現實中的她們：永遠的月光族，上下班擠捷運，還總是為身上多出來的幾斤肉困擾不已。在看似沒有希望的現實面前，偶像劇裡那份幻想實在令人嚮往，正因如此，偶像劇成了許多女孩們的救星，也是她們在脆弱不堪的現實面前依然執著的一線希望。

偶像劇滿足了女孩當公主的願望，成全了她們對完美愛情的想像，由於女孩往往天生多愁善感，如果天天沉浸在自己的幻想中，還怎麼面對真實生活的考驗？所以女孩要想真正成熟，就必須慢慢遠離那些虛幻的偶像劇，不要讓那些青春童話加劇空無虛渺的浮想，停止做夢，才能開始清醒的面對現實。

偶像劇裡那份完美在實際的生活中往往是可遇而不可求的，女孩們看多了這些戲劇，時間久了便成為思維慣性，越來越沉迷於這樣的幻想，而會越來越不滿意現實中的生活，這樣一來，便會越來越沒有信心，最終只會讓人喪失對美好生活的追求，對未來越來越失望。

其實，從心理學上分析，過分地沉迷於虛幻的世界會增加女性的幻想，而對現實的生活失去了信心和興趣，情況嚴重的就會改變和扭曲一個人的人生觀和價值觀，會一步一步讓自己走向深淵不能自拔。在現代競爭如此激烈的情況下，就業形勢又比較嚴峻，加之很多人對自己的婚姻或家庭生活十有八九不如意時，往往就會覺得生活空虛，對社會也會產生一種逃避的心理，連帶失去對生活的熱情。

曾有這樣一則新聞報導：一位高中女生因為喜歡看偶像劇，所以常常溜出校園在網咖通宵達旦，期間有一個和她同班的男孩向她示好，她認為這個男孩子就是「王子」的化身，她感覺自己一直夢寐以求的幸福正在向她招手，連她自己都沒有想到她的「幸福」會因為她肚子裡未出生的寶寶而化為烏有，學校開除她，父母指責她，男友拋棄她，最終她痛苦地選擇了自殺。

有些偶像劇演繹的故事裡，女主角年紀輕輕就結婚生子，過著幸福美滿的生活，這不得不讓那些懵懂的少女產生錯誤的幻想，上述新聞就是一例。像這樣的肥皂劇看了只會污染我們的思想，蒙蔽我們的雙眼，讓我們越來越放縱自己的幻想，越來越喪失理性，聰明的女性應該遠離這類戲劇，別讓自己天天沉迷在不切實際的幻想中，只有遠離那些錯誤偏執的愛情觀、人生觀、價值觀的影響，才能做個理性成熟的女人。

◎浪漫一下就好，不能當飯吃

恐怕沒有女人不愛浪漫，可是絕大部分男人都不能滿足她們的要求。在生活的壓力下，男人對於浪漫已經逐漸消沉並且愚鈍起來，曾經不顧一切僅為紅顏一笑，現在都煙消雲散了。

會出現這種情形其實女人也未嘗沒有責任，男人們整天在外打拼，心力交瘁，女人卻為了那虛無縹緲的浪漫而怪罪男人。為追求浪漫，女人談起戀愛往往會忽略現實，陶醉在自己幻想的浪漫情境中，等到夢醒時，才發現生活還是需要柴米油鹽醬醋茶的。

聰明的女人懂得浪漫的真諦，懂得在平凡簡單的生活中去追尋浪漫的蛛絲馬跡。哪怕只是一個溫柔的眼神，一次不經意的牽手，一聲再普通不過的讚美，都會讓她們感到滿足。其實浪漫沒有輕重之分，相同的是那一種感覺。只要感覺對了，又何必去苦苦尋求難以企及的驚喜呢？

浪漫也是女人的天敵，只有當女人忘卻了浪漫，真正的浪漫才會降臨在她們身上，並讓她們過上幸福快樂的生活，否則就只能悲傷難過、怨天尤人。

其實，愛情中即使沒有浪漫也能擁有幸福，浪漫不是生活的必需品，它有時候就像是一件華美的衣服，雖然穿上去好看，但是這件衣服太過華麗，只適合在舞會裡穿著，唯有脫下它，換上便服，才能發現生活中實實在在的樂趣。

少些天真，多用點心

一提起「城府」，女孩心中閃現的第一個印象即是「可怕」。那待人處世的心機、令人難以揣測的用心，讓人一想到便不寒而慄，與這種人打交道，似乎稍一不慎便會有被玩弄於股掌之上的危險。

其實，從另一個角度看，城府也是人生的一種智慧，女孩的人生之中就是天真太多，城府太少。天真的女孩也許能夠生活在唯美的童話裡，但是有城府的女孩才能在社會上應對自如。

城府就是少一分偏執，多一分豁達；少一分倔強，多一分柔和；少一分特立獨行，多一分自我隱藏。你很難在她們身上看到什麼銳利之處，因為她們從來不會張揚地表現自己，也從來不刻意顯示自己有強大的力量，因此她們也不會因為強大力量的反作用力而被擊倒。但是她們看似不強大，卻能促成事物的成功或發展，這是因為她們的柔性中潛藏著足夠的變通。一個懂得留餘地的人，最有可能成為成功者；反之，一個倔強的人，往往容易碰壁、失敗。

深有城府即是人生的至高境界，她們態度總是淡淡的、傻傻的，與世無爭的樣子，安安然然地生活，或者身居鬧市，仍心明如鏡，一切功名利祿，她們拿得起、放得下。可是你別以為這種人簡單，若關係到利害時，她們都會有一些驚人之舉。

我們處在一個越來越開放、越來越急功近利的時代，人類的才智得到空前的解放和開發，人們爭先恐後地顯才露德，人人夢想著出人頭地，但如果你處處爭著炫耀自己，想盡辦法成為別人妒羨的目標，那麼，在你的虛榮心不斷得到滿足的時

候，你離失敗也越來越近了。

不要在別人面前把自己暴露的如同透明人，別總為了表現自己而高談闊論。女人要多用一點心，處處謙虛謹慎，善於觀察，巧妙說話，發揮優勢，才能居高臨下。

◎生氣不如爭氣

女人總是容忍不了自己受委屈，一旦覺得自己吃虧了，就容易引起很大的情緒波動。於是，有些人會衝上去跟對方理論，讓對方明白自己的不滿，並且讓對方看到自己的強烈抗議，讓對方知道自己並非軟弱可欺。

其實，在你衝上前理論的一剎那，你已經在生活的棋局上輸了一盤。生氣不如爭氣，抱怨不如改變，把對方對你的輕視看做是一種促使你向上的動力，做出成績讓他們看看，讓他們自己去悔悟，這樣往往要比強硬的態度更加有效果。

每個人的人生都會有波折，沒有一個人能說「我的人生之路是平坦的」。但是，你該怎樣面對你的人生？面對那些否定你或者看輕你的人，衝上去理論無疑是最不明智的行為。在經歷了別人的輕視時，在承受人生的冷遇時，要有這樣的韌性：你說我不行，我偏要讓你看看，我是可以的，我行！

對一個聰明女人來說，生氣還是忍下這口氣對自己更有利，翻臉還是適時忍讓對自己更有益，這是不言自明的。在忍讓時不忘積極進取，在受到質疑時執著堅持，與其生氣不如爭氣，與其翻臉不如翻身，用你的實力贏取別人的尊重，這才是一個成功女人應有的生活態度。

永遠做自己

有很多年輕女孩盲目從眾，她們認為流行就是正確的，所以放棄了自己本來的風格和個性。殊不知，每個女人的獨特性和自己的生存品質是緊密相連的，一個人如果不清楚自己的獨特之處，不瞭解自己的潛在優勢，就很難憑真本事去競爭。偉大劇作家莎士比亞曾說過：「你是獨一無二的，這是最大的讚美。」要想施展自我，就要認真地剖析自我、確認自我，盡力開發自我價值，才能真正地實現自我。

世界上所有的東西都是不可替代的，是絕無僅有的，你當然也是，千萬不可妄自菲薄，小看了自己。儘管你有著這樣或那樣的缺陷，只要堅信自己是獨一無二的，展現出你的個性，你在自己的領域也能有出色的成就。你的刻苦努力，你的獨

特個性，誰又能不承認是你人生的一大亮點呢？

每個人都有自己的優勢，不需要拿自己和別人去比較，更沒有必要因為這種無意義的對比而給自己造成過多的心理壓力。個性就是特點，特點就是優勢，優勢就是力量，力量就是成大事必備的特質。所以，每個女孩都應該認清自我，做一個獨一無二的自己，就算你只是一盞小燈，也能照亮空間、溫暖世界。

張揚的個性總要你付出代價

很多人熱衷於特立獨行，張揚自己的個性，他們總是希望自己能任性地為所欲為，他們不希望把自己的行為束縛在複雜的框架中，他們希望暢快地發洩自己的情緒，但作為群體的一份子，真能這麼瀟脫嗎？答案是否定的，很多時候你必須為張揚的個性付出代價。

不要使張揚個性成為縱容自己缺點的一種藉口，你的價值來自於你的工作品質，只有當你的個性有利於創造價值，你的個性才能被社會接受。

社會需要的是生產型的個性，你的逆反個性只有融入創造性的才華和能力，才能被社會接受，如果你的個性沒有表現為一種才能，僅僅是一種脾氣，它往往只會為你帶來不好的結果。

社會是一個由無數個體組成的群體，每個人的生存空間並不很大，所以當你想伸展四肢舒服一下的時候，必須注意不要碰到別人。當你張揚個性的時候，必須注意到別人能否接受，如果你的這種個性是一種明顯的缺點，你最好把它改掉；如果你想成就一番事業，就應該收起你的張揚，把逆反個性表現在創造性的才能中，盡可能與周圍的人協調一致，這才是一種成熟的表現。

◎自信讓女人獨具芳香

自信的女人擁有一種「光環效應」，通身散發著獨特的吸引力，自信使她看上去神采奕奕，嘴角常掛著微笑，炯炯有神的雙目流動著光芒。

事實上每個女人都是獨一無二的，儘管受到社會分類和認同的壓力，但每個人在內心深處還是想與他人不同。我們要怎樣才能充分感受到自己的與眾不同？怎樣才能找到比較成熟的自我？

首先，做個自尊、自愛的女人，盡可能地表現自己的優勢。不要以為表現自己的優點就是炫耀，表現自己優點時你應該自信滿懷，話語堅定，即使只是菜燒得好、歌唱得好、會講笑話等，也是可以利用的優點。只要你用欣賞的眼光看自己，仔細地觀察自己，就能發現自己的優點，它會成為助你成功的力量。

其次，不要做個自貶的女人。傳統教育讓女人要謙遜、忍讓，謙遜過度卻變成了消極的自貶。你必須看清你自己，不要總用「我不行」、「我做不到」來暗示自己。如果你總是用懷疑的目光打量自己，還怎麼指望能獲得他人的承認和重視呢？

你應該堅信「天生我才必有用」這句話，斯曼萊．布蘭頓博士說：「某種程度的自愛，是一個人心理健康的標誌，適度的自愛對工作和成就都是不可或缺的。」

的確如此，「認識自己」、「喜歡自己」都是健康、成熟的，這種喜歡不是自以為是或孤芳自賞，而是冷靜、客觀地接受自我，懷著自重與尊嚴去生活。

一個成熟的女人會經常檢視自己的表現，知道自己的錯誤和缺點，但她認同自己的目標和動機，並將精力花在提升自我方面，而不是對著缺點哀嘆。

心靈成熟是一個持續不斷的自我發掘過程，在我們對自己有所瞭解之前，我們無法瞭解別人，瞭解自己是智慧的開端，每一個女性都有自己潛在的力量，有自己存在的價值。女人們，讓自信啟動你人生引擎的爆發力。

09 能做女王，就不要做公主

◎外表要溫順，內心要強大

堅強，是每個成功人士必備的特質之一。也許有時候，我們無奈於生命的長度，但是堅強能夠讓我們選擇生命的寬度與厚度。在這個世界上，我們會遇到賞罰不公，我們會遇到就業壓力，我們會遇到病魔，但是，女人可以運用自己手中堅強的畫筆，為自己描繪一片藍天。

美國前總統老布希的妻子芭芭拉是一位很堅強的女性，面對家庭大小事，她總能沉著應對。她患有甲狀腺炎，老布希也有心臟病，女兒多羅蒂離婚、兒子尼爾職位被解除，特別是一九五三年女兒羅賓死於白血病，但這一切都沒有壓倒布希夫人，她總是竭盡全力保護他們。有一次，布希出席一個宴會時突然病倒，在場人員不知所措，芭芭拉卻當機立斷，打電話叫救護車，親自送丈夫去醫院。

人生不可能一帆風順，從你有自我意識的那一刻起，你就要有個明確的認識，那就是人的一生必定有風有浪。當你遇到挫折時，不要覺得驚訝和沮喪，反而應該視為當然，然後冷靜地看待它、解決它。

很多女人遭逢生命的變故時，總會不停埋怨老天：「為什麼是我？」即使哭啞了嗓子，事情也不會自然好轉，唯有堅強面對才能走出困境。當沮喪時，你第一個念頭要告訴自己：「它來了，這是必經過程，只有自己能幫助自己，所以我要勇敢面對，現在就想辦法處理！」不斷用心靈的力量為自己打氣，然後要比平時更精神百倍，才能讓自己走過生命的黑暗期。遇到困難時越是堅強的女人，越有一股讓人尊敬與心疼的魅力，也唯有自己表現得更堅強，別人才能幫助你。

少了堅強做伴的女人，或是唯唯諾諾，沒有自我；或是哀哀怨怨，陷在一件可小可大的事裡掙扎。只有堅強的女人，從不停下腳步，堅強於她只是一種習慣。

總之，女人要活得自我，活得幸福，堅強是第一要素。不管你的外表多麼柔順，有一顆堅強的內心，女人才能活得更加精彩。面對挫折或者失敗，女人更需要的是從失敗中站起來，微笑著面對風霜的襲擊，用寬闊的胸懷去擁抱挫折，如此一來，靈魂才會在美好的港灣停泊、歇息。

◎將失敗輕輕抹去

在這個世界上，沒有任何東西可以替代堅韌。堅韌使柔弱女子得以養活全家，堅韌使窮苦的孩子最終找到生活的出路，堅韌使一些殘疾人也能夠自立生活。

人們應該學會堅韌，因為它常會帶來意想不到的收穫。人在現實中生活，猶如駕船在大海中航行，巨浪和旋渦就潛伏在你的周圍，隨時會襲擊你，因此，你要當個好舵手，還得具有克服艱難的毅力和勇氣，設法繞過旋渦，乘風破浪前進。

人生是一個漫長的過程，實現人生的目標需要數十年的奮鬥，長時期地向著既定目標奮進、拼搏，必須具有堅忍的意志。許多卓越的革命家、科學家、文藝家之所以取得成功，除了他們的才能之外，無一例外都具有意志堅韌這一心理品質，也正是這種堅韌，使他們克服種種艱難險阻，百折不撓地向前挺進。

已過世的克雷吉夫人說過：「美國人成功的秘訣，就是不怕失敗。他們在事業上竭盡全力，毫不顧及失敗，即使失敗也會捲土重來，並立下比以前更堅韌的決心，努力奮鬥直至成功。」有些人遭到了一次失敗，便把它看成前途無望，從此失去了勇氣，一蹶不振，可是，在剛強堅毅者的眼裡，那只是一段過程。那些一心要得勝、立志要成功的人即使失敗，也不會視一時的失敗為最後的結局，他還會繼續

奮鬥，在失敗後重新站起，比以前更有決心，不達目的絕不甘休。

世界上有無數強者，即使喪失了他們所擁有的一切，也還不能把他們叫做失敗者，因為他們有不可屈服的意志，有一種堅忍不拔的精神，有一種積極向上的樂觀心態，而這些足以使他們從失敗中崛起，走向更偉大的成功。

在我們學習那些堅韌不拔、百折不撓的強者精神時，我們也要將失敗輕輕抹去，只要我們心裡有陽光，只要我們面對失敗也依然微笑，我們就能說：命運在我手中，失敗算得了什麼！

◎敢於說「不」是負責的態度

在與人交往的過程中，我們經常會遇到很多自己不願意做的事，這時，只要我們輕易地說出一個「不」字，也許就能輕鬆、坦然了，但有些人就感覺這個「不」一字千金，憋足了勁也說不出口，結果苦了自己，也苦了別人。所以，該說「不」時，我們要毫不猶豫、斬釘截鐵地說出口。

一味照顧別人的感受，凡事都習慣說「Yes」的女人，經常給別人面子，認為那是一種對別人的尊重，然而，她們沒有意識到，自己基本拒絕的權利卻沒有得到別人的尊重。有人認為受人請託，倘若拒絕會讓對方面子掛不住，若不拒絕，又實在無能為力，反覆思考之下，只好勉強答應，結果發生後悔的情形就相當常見了。

事實上，那些顧於面子不敢說「不」的人，其實是自己意志不堅。他們通常認為斷然拒絕對方的請求顯得太過無情，而若是在答應後方覺不妥，再改變心意拒絕對方，顯然已經太遲。而如果這件事只限於個人的煩惱，還稱得上不幸中的大幸，若換成是影響到團體的事件，就會發生不愉快的情形，導致產生怨恨、敵視，甚至演變成人際關係上的對立與衝突。

當你不得不拒絕別人時，也要講究禮貌，這對你的形象大有益處。人都是有自尊心的，一個人有求於別人時，往往都帶著惴惴不安的心理，如果一開口就說「不」，勢必會傷害對方的自尊心，而如果話語中讓他感覺到「不」的意思，從而委婉地拒絕對方，就能夠收到良好的效果。

敢於說「不」的人是果斷的人，做事情不會拖泥帶水、猶豫不決；敢於說「不」的人是有主見、有魄力的人；敢於說「不」是一種人格魅力，能給自己樹立一個硬朗的形象，因為敢於說「不」是對自己負責，也是對別人負責。

◎有野心的女人總會成功

在多數人的印象中，「野心勃勃」不像是個褒義詞，尤其是當它被用來形容女人的時候，但人們賦予它的感情色彩，抹殺不了它存在的意義，只有「野心」可以讓一個女人擁有足夠的力量脫穎而出。

一代女皇武則天是一個充滿野心的女人，她憑著自己的聰明才智從一個小小的才人逐漸登上了皇帝的寶座，世人對她褒貶不一，但都肯定她那敢作敢為的氣魄和雄心。這份「野心」正是她成功的首要條件。

現代社會是個到處充滿競爭的社會，也是一個需要「野心」的社會。在這個沒有任何定數的世界裡，只要是人類能研究到的領域，都存在著無限多的創新和機遇，這對一個具有野心的人來說，無疑是一個創造自我價值的最好時機。

生活中，許多極富潛力的女人就是因為害怕被人說成是「野心家」而畏縮不前，但是，為什麼世界上做同樣事情的人很多，卻有人失敗、有人成功，那些失敗的人唯一缺少的正是野心。有了野心，你才會不斷地開拓和尋找，即使身處逆境，也仍不喪失奮鬥的熱情，這樣的人才能不斷開創人生，獲取成功！

一個女人若想成功，一定要有野心，否則就不易在這個社會上有所作為。在這樣的年代裡，對於女人來說，沒有野心就不會有卓越的成就。一個女人，在生活中尋求改變的機會越大，就越有可能成功，「每個成功的女人都是一個偉大的夢想家」一說便由此而來。所以，我們只有先有夢想和野心，才可能有以後的輝煌和成就。

事實上，任何事情要想做得出色都需要很強大的內心欲望，沒有野心的女人內心動力不足，她們往往只會淪為人群中的平庸角色。野心是人心中的一種進取狀態，無所謂褒貶，只要不是違法犯罪、禍害他人的事情，所以，年輕女孩有一點野心又何妨？

女人和男人一樣可以擁有野心的權利，雖然可能會被說成是沒有女人味，但有一點不可否認，那便是人們在內心不免會生出一絲敬意，佩服女人的豪氣，欣賞女人的風采，讚嘆女人的魄力。那麼，你還怕什麼？大大方方地做個野心家吧，釋放你內心的欲望，大膽去追求，相信，你會是人群中光彩奪目的女人！

◎不需要活在別人的認可裡

總有這樣一類女人值得我們欣賞，她們無論在任何情況下，都對自己充滿信

心。事實正是如此，有些時候，別人的建議再好也權當參考，你要按照自己的方法去思考和行動，畢竟有些事情自己更清楚要怎麼做，雖然當下你無法做出決定，但只要依著自己的心意再三思索，總能夠做出正確的決定。

你不需要永遠活在別人的認可裡，如果你追求的快樂是處處參照他人的模式，那麼你的一生只能活在他人的陰影裡。事實上，人活在這個世上，並不是一定要壓倒他人，也不是為了他人而活，一個人所追求的應當是自我價值的實現，以及對自我的珍惜；而一個人是否實現自我並不在於他比別人優秀多少，而在於他在精神上能否得到滿足。

然而，在現實生活中，很多女孩卻常常為朋友一句無意的嘲笑，或同事一次無心的抱怨而悶悶不樂，甚至開始懷疑自己、否定自己，其實，這樣的心態是不需要的。雖然我們有必要聽取別人對自己的評價，但也不能過分在乎，否則，煩惱的是你自己，痛苦的也必定是你自己。

歌手范曉萱在一次訪問時說：「以前我很辛苦，因為我太在乎別人的感覺，太在乎其他人怎麼看我，所以，我很多時間都要去想別人怎麼看，我都想做得面面俱到，把自己弄得很辛苦。現在，我開始跟著感覺走，也能比較清楚地表達我的看法。我只是想活得輕鬆一些，不要那麼辛苦。」

的確，一個人一生為別人的評論而活是很累的，我們每個人都不可能孤立地生活在這個世界上，很多的知識和資訊來自別人的教育和環境的影響，但你怎樣接受、理解和加工、組合，都要你自己去看待、去選擇。歌德說：「每個人都應該堅持走為自己開闢的道路，不被流言所嚇倒，不受他人的觀點所牽制。」

如果你期望人人都對你感到滿意，你必然會要求自己面面俱到。不論你怎麼努力去適應他人，能做到完美無缺，讓人人都滿意嗎？顯然不可能，這種不切實際的期望，只會讓你背上沉重的包袱，讓你因此顧慮重重，活得太累。只有懂得享受自己的生活，不受別人的消極影響，不管別人如何評論你，只要你自己覺得高興、滿足、自得其樂，你的生活就是幸福的。

我們周圍的世界是錯綜複雜的，我們所面對的人和事總是多元的。我們每個人都生活在自己所感知的經驗現實中，別人對你的看法大多有一定的原因和道理，但不可能完全反映你的本來面目和完整形象，過分在乎別人的看法，那樣只會徒增煩惱。最重要的莫過於自己的體會，把那些不相干的議論丟到一邊，學著做一個有主見的女人，重新回歸自我，你才能真正快樂起來。

◎眷戀安穩是成功的最大殺手

成功的女人都有勇於冒險的精神，她們的生命處處充滿著刺激和驚喜；而平凡的女人，因為她們一直在追求安全平穩的生活，這使得她們特別眷戀安穩的感覺，一旦得到比較安全的位置，便想固守不求進取了。

眷戀安穩的女人只在自己熟悉的領域搭建一個舒適的溫室，她們不願向陌生的領域踏出一步，對生活中不時出現的困難，更是不敢主動發起進攻，她們認為，保持自己熟悉的一切就好，對於那些新鮮事物，還是躲遠一點好，否則，就有可能被撞得頭破血流。

安穩是一個陷阱，讓她們喪失了鬥志和激情，她們不敢打破固有的生活方式，不敢尋求改變，結果在懶散之中鬆弛了自己的精神。西方有句名言：「思想決定一個人的命運。」做任何事都要求安全感，不敢挑戰冒險，是對自己潛能的否定，與此同時，安全感會使你的天賦減弱，就像疾病讓人體的機能萎縮、退化一般。但如果女人能夠突破「安穩」這一關，尤其在年輕時開始遠離鬆懈和退縮，未來的人生就可能會有很大的改觀。

「物競天擇，適者生存」不僅是自然界的生存法則，也是人類社會不斷發展的內在規律。不論是生物學家還是社會學家都承認，害怕變化、不敢冒險的人，都會在競爭中被淘汰。

不要以為麻木是對現實的一種應對，這其實是一種逃避。麻木的生活就如同雞肋一般，食之無味，棄之可惜，所以即使再艱難，生活也要有活力，我們不停地為生活而忙碌，都需要佐以熱情，找到生活的快樂。

香奈兒這個名字是一個傳奇，她的名字後來竟成為女性解放與自然魅力的代名詞。她年輕時是巴黎一家咖啡廳的賣唱女，經歷過一次失敗的情感——十八歲時當了花花公子博伊的情婦，但她沒有就此沉淪下去，而是借助博伊的幫助開了三家時裝店，使她的服裝進入巴黎的上流社會。

香奈兒和她的服裝充滿了怪異，但也充滿了致命的吸引力。有一次，她的長髮不小心被燒去幾綹，她索性拿起剪刀把長髮剪成了超短髮，在她走進巴黎歌劇院之後的第二天，巴黎貴婦們紛紛剪了「香奈兒髮型」。

三十歲以後的香奈兒還清了欠博伊的錢，她獨立了。從一九三〇年一直到死，她都獨自住在巴黎麗池飯店的頂樓上，她是世界上最著名的服裝設計師之一。

成功者都是勇於挑戰和勇於面對挑戰的人，成功者不會安於現狀，他們敢於衝出牢籠，尋求自己想要的生活。香奈兒的成功就是因為勇於挑戰給了她靈感和動機，讓她走出了安穩的牢籠，創造了一個經典的品牌。

不管你現在的狀態如何，都要憑著自己的心性去過想要的生活，而不要被「安穩」的陷阱溫柔地殺死。多一些冒險精神，做一個獨立的個體，這樣的女孩永遠自信快樂，這樣的女孩也永保青春。

◎面對風雨，堅持用微笑面對

許多年輕女孩都似乎有著這樣的通病，就是憑一時衝動想做就去做，可熱度還未持續多久，興頭過了，就說放棄了。這是一個極其嚴重的毛病，它令女人失去定性，凡事輕率魯莽，最後只能導致疲憊與倦怠，往往只有堅持到最後的人才能獲得勝利。

成功的女人往往是那些給自己壓力的人，她們堅定地往前走；而走向平庸的女人則往往是因為無法在繁重和瑣碎中繼續堅持，以至於凡事都流於膚淺。

蘇格拉夫頓女士是美國著名的偵探小說家，她講述了自己的成名之路。

一九一五年底，她帶著成為一位名作家的夢想來到了紐約，但紐約給她的第一份禮物就是失敗，她寄出去的文章都被退回，但她沒有放棄，仍懷著夢想不停地寫作，走遍了紐約的大街小巷，奔波於各個雜誌社、出版社之間，當希望還是很渺茫的時候，她沒有說：「我放棄，算你贏了。」而是說：「很好，紐約，你可能打倒不少人，但是，絕不會是我，我會逼你放棄。」她沒有像別人那樣，碰到一次退稿就放棄了，因為她決心要贏。四年之後，她終於有一篇文章刊登在週六的晚報上，之前該報已經退了她三十六次稿。

隨後，她得到的回報更是一發不可收拾。出版商開始絡繹不絕地出入她的大門，再後來是拍電影的人發現了她，她的小說在改編後被搬上了螢幕，她在短期內富裕起來。

生活中總有許多不如意的事情，年輕女孩碰壁的機會更大，但只要我們學會堅持，在生活、工作中堅持微笑著面對困難，我們就可以從中吸取經驗繼續努力。工作不如意，那只是我們走向成功的必經之路，繼續堅持，總會走出困境。

做事切莫三分鐘熱度，需要持之以恆的執著，因為勝利往往在那最黑暗的時刻降臨，我們不必為一些小問題而苦惱，堅持用微笑面對，以毅力克服，最終我們就能夠笑到最後。

培養進取心，讓智慧不斷升級

進取的女人是美麗的，且這種美麗是不可替代的。進取賦予了女人自立自強的人格魅力，如果把年輕靚麗的容顏比做花朵的話，那麼經過進取歷練的氣質美便是從花朵中提煉出來的精華，前者嬌嫩易逝，後者卻歷久彌香。

要知道，事業上執著的信念、淡定的心態和寬廣的胸懷，是修煉女性氣質之美的三大法寶，有了它們，進取就無時無刻不在為女人化妝，使女人更美麗、更幸福。

如今，現代文明是越來越豐富了，也給予了每個人更加寬廣的舞臺。年輕女孩開始走向職場，和男孩一樣打拼，一樣渴望成功，在各行各業也的確湧現出許多女性成功者，她們不僅事業上可以與男性平起平坐，生活上也相當圓滿，她們代表著當前時代的女性特徵——幹練、聰明、認真、精彩，成了這個社會大舞臺中最亮麗的一道風景，也成為每個渴望進步的女人的學習典範。

她們之所以能把生命經營得如此精彩，就在於她們能夠不斷進取，不斷充實自己。她們的人生旅程就是一段漫長的奮鬥過程，就是一段自我創造、自我提升的過程。每個人都在自己的生活道路上撰寫著自己的人生篇章，而只有那些經歷過風吹雨打、體驗過失敗考驗的人生著作，才是最好的著作。

進取讓女人走出了狹小的家庭生活空間，讓女人的視野開闊，心也隨之澄明起來；進取讓女人發現了更能凸顯自己個性價值的方式，也讓女人找到自己的尊嚴。面對一個自尊自愛、自立自強的女人，相信每個人都會由衷讚嘆她的美麗。

在她們身上，首先打動人的是信念。信念是她們對進取的熱愛和理解，是她們面對挫折、打擊時，仍然在內心深處固守的一份執著的勇氣，有了這樣的信念，才會真正明白進取的意義，並真正地和這份進取融為一體。

其次是淡定的心態。一種寵辱不驚、未來盡在掌握的優雅，在困境前，笑對冷語嫉妒，並以微笑感染身邊的人，這種發自內心的影響力，遠勝所有駐顏良藥。

再次是寬廣的襟懷。高速的生活節奏讓人們幾乎忘記體諒、忘記感動，而她們卻能所向無敵，給予身邊的人最大的包容，讓她們在成功的同時贏得掌聲與喝采。

一個人在社會舞臺上的活動越是頻繁，她對於社會的價值就越大，她的人生意義也就越大，生活就越精彩。你想活得更精彩嗎？那麼就用你飽滿的精力和毅力投入你的工作，不斷進取，勝利正在你面前向你招手！

10 性格的寬度決定幸福的深度

怨恨讓女人遠離幸福

怨恨就像一劑慢性毒藥，慢慢地侵蝕我們的生活，甚至會慢慢改變一個女人的面容。善良寬容的女人經過歲月的沉澱，越來越溫和、寧靜，而總是心懷怨氣的女人則越來越冷漠，越來越醜陋。

有些人早晨睜開眼睛就開始發洩怨氣了，誰也沒招惹她，她就怨老天爺：天這麼悶，怎麼不下雨呢？下了雨，她又說，下雨做什麼呢？做什麼事情都不方便。其實不止天氣，工作和生活中的不如意事那麼多，讓她心懷怨氣的事總是沒完沒了。

可是，怨恨又有什麼用呢？生活還是老樣子，不會因為我們的話語而改變。只是有一些人養成了凡事都看不順眼的習慣，不管看什麼，都要抱怨幾句，以發洩自己的情緒。其實，他們是利用抱怨來麻痹自己的心靈，甚至將自己的某些挫折、失誤也歸咎於他人，以尋求同情。可是，生活對待每個人都是有苦也有甜的，同樣的事情發生在別人身上，就什麼事情都沒有，放在她的身上就問題一大堆，這是為什麼呢？

看待問題，不在於事物本身，而在於我們的心態。心態不同，看到的世界就會不一樣。心有怨氣的人人生是灰色的，她們眼睛裡只有消極和悲觀，她們的目光只會為了生活中的不如意而停留，她們的心裡總是被沮喪和自卑充斥著。

不可否認，人生的確少不了磨難，生活的五味瓶裡，除了甜，沒有什麼是人們的真心嚮往，可偏偏酸鹹苦辣是生活不可或缺的，它們才真正豐富了我們的人生。人生需要苦難的洗禮，正是因為那些折磨過我們的人，我們才能在挫折中找到自己的不足，才能逐漸完善自己。

眼前的困難，不會成為你一輩子的障礙，所以，即使現在面臨困境，也不要因為悲觀而落淚，堅持一下，總會等到晴天。生命，是苦難與幸福的綜合，只要我們在逆境中也能堅持自己，再苦也能笑一笑，再委屈的事情，也能用博大的胸懷容納，那麼，人生就沒有我們跨不過的難關。

當我們走出生活的陰霾，用樂觀的心重新打量這個世界，我們就會發現，原來不是生活不美好，而是我們一直在怨恨中扭曲了自己。所以，聰明女人要學會感恩，學會與人分享，學會在殘缺中品味快樂，在逆境中感受幸福。

◎情緒，請到家門口為止

當今社會快節奏的生活，給人們帶來了許多壓力。或許你會因為受到公司不公平的待遇而惱火，或許你會因為和同事在工作中發生摩擦而氣憤，或許你會因為生意場上錯失良機而悔恨，有太多太多的事情令你情緒低落。

這時，你多麼希望能有一個空間來梳理自己的思緒，釋放自己的怨氣。這個地方，可以是空曠的原野、喧鬧的KTV、幽雅的咖啡館，但千萬不要選擇自己的家。

家，是溫馨的港灣，是幸福的歸宿，每個人都應該帶一些快樂與歡笑回家；相反，如果每個人都帶煩惱與不快回來，屋子裡必定是愁雲慘霧。

把煩惱帶回家，其實是給朗朗晴空密佈了一層烏雲，是給溫暖的港灣注入了寒流。妻子守望長夜孤燈，用笑臉迎接丈夫歸來，她需要一份體貼和安靜，丈夫理應把煩惱留在門外，回報妻子一個明媚如春的笑靨。

把笑臉給別人，是對別人的尊重。記得胡適在《我的母親》一文中寫道：「我漸漸明白，世間最可厭惡的事莫如一張生氣的臉，世間最下流的事莫如把生氣的臉擺給別人看，這比打罵更難受。」

因煩惱而生氣的臉，儘管你不是有意要擺給別人看，但它無形中會傷害無辜。所以，把煩惱拋在腦後，給別人一張笑臉，無論是家人、朋友或者陌生人。別把煩惱帶回家，讓家永遠幸福，永遠溫馨，永遠祥和。

當然，我們並不是鼓勵「報喜不報憂」，互相分享，互相分擔，也是家的功能之一，但分擔是通過溝通才能達成的，而不是成天繃著臉，將心中怨氣毫無道理地扔給別人，或是老覺得別人對不起自己，這樣只會減損家庭的和諧溫馨。

◎不嫉妒的女人是天使

有人說，女人的天敵是女人。因為女人常常忍受不了其他女人的成功，只要對方有一些特質是強於自己的，那麼就有可能會對她產生一種嫉妒之感，為了自己心理上的平衡，她們可能會作出一些違反常規的事情。可是，為什麼女人對待同性的嫉妒心理會這麼強烈呢？

其實，女性的嫉妒心很多時候是一種身不由己的心態驅使的。與男人相比，女人要考慮的問題可能會多一些，她們常常要求自己完美，不允許自己有一點瑕疵。所以，女人常常是將「精裝版」的自己展現在別人面前，為了維護形象，她花費了全部的心思，因此，她們的內心很渴望得到別人的肯定和讚揚。這樣的心態，讓女人對別人的評價總是太過重視，嫉妒心理因而產生。

另外，女人都是排外的，即使是與最好的姊妹在一起，她們也會希望自己是唯一的主角，而這樣的期待如果沒有實現，這時，女人的內心就如同經歷了一次重大打擊，嫉妒之感由此而生。

身為一個女人，應該怎樣克制自己的嫉妒，並且應對來自同性的嫉妒呢？首先，對待自己的嫉妒，要擺正心態，要常常告誡自己：即使是嫉妒，也得不到對方的好，沒必要因為別人的好而讓自己變得更加不好。其次，灑脫面對同性的嫉妒，不要因為別人的心態就改變自己。只要掌握以下的方法，就能控制自己煩憂的情緒，並且弱化別人的嫉妒。

1. **把對方的嫉妒當成肯定：**別人嫉妒你，說明你在某些方面已經贏過他人了，這是對自己的肯定。

2. **感謝對方的嫉妒：**嫉妒你的人，可能會千方百計找出你的不足，讓你難堪，可是這個過程恰好可以讓你發現自己更多的不足，從而改善這些缺點。所以，你完全可以將別人的嫉妒看成是督促自己進步的力量。

3.把利益分給那些嫉妒你的人：有些女人天生善妒，如果能夠分給她們一些利益，那麼她們就會弱化對你的敵意，並且可能成為你的朋友。

每個人都可能會遇到同性的嫉妒，但它並不是一個無解的難題，只要能夠掌握方法，灑脫面對，那麼一切問題都能迎刃而解。

不嫉妒的女人是天使，寬容是另一種智慧。聰明的女人會把別人的優秀化作鞭策自己的力量，努力向更優秀的人學習，把她們作為自己前進的動力，這才是積極向上的正確做法。

女人不要再為別人的幸福而心存嫉妒了，好好經營自己的幸福，驅散心中的嫉妒魔鬼，才能讓寬容天使在心中常駐，少一分嫉妒，多一分寬容，才能在無形中積聚自信的資本和力量。

◎把自卑踩在腳下

自卑，就是輕視自己、看不起自己。自卑心理嚴重的女人，並非她本人具有某

種缺陷或短處，而是她不能接納自己，常把自己放在一個低人一等的位置，進而演繹成別人看不起自己，並由此陷入不能自拔的境地。

女孩子經常會因為自己的相貌、家世、學歷，甚至是自己的男朋友不如別人而自卑。她們總是鬱鬱寡歡，因害怕別人瞧不起而不願與別人來往，她們缺少朋友，做事缺乏信心，優柔寡斷，毫無競爭意識，享受不到成功的喜悅和歡樂。想要征服畏懼，戰勝自卑，必須付諸實踐，拿出行動，而建立自信最快、最有效的方法，就是去做自己害怕的事，直到成功為止。

1. **改變消極的想法：**有時候，問題的關鍵在於想法。人的自卑來源於心理上一種消極的自我暗示，正如哲學家斯賓諾莎所說：「由於痛苦而將自己看得太低就是自卑。」所以，先要改變帶著墨鏡看問題的習慣，這樣才能看到事情明亮的一面。

2. **放鬆心情：**不要想不愉快的事情，或許你會發現事情真的沒有原來想的那麼糟，會有一種豁然開朗的感覺。

3. **幽默：**輕鬆一笑，你會覺得其實很多事情都很有趣。

4. **與樂觀的人交往：**他們看問題的角度和方式會在不知不覺中感染你。

5. **嘗試一點改變：**比如，換個髮型、化個淡妝、買件以前不敢嘗試的時髦衣服，然後看著鏡中的自己，你會覺得心情大不一樣，原來自己還有不同的一面。

6.尋求他人的幫助：這並不是無能的表現，有時候當局者迷，當我們在悲觀的泥潭中拔不出來的時候，可以讓別人幫忙分析一下，換一種思考方式，有時看到的東西就大不一樣。

7.要增強信心：只有相信自己，並積極進取，才是消除自卑、促進成功最有效的方法。悲觀者缺乏的往往不是能力，而是自信，他們往往低估了自己的實力，認為自己凡事都做不好。記住一句話：你說行就行。事情擺在面前時，如果你的第一反應是我行，那麼你就會付出最大的努力去面對它；同時，當你全身心投入之後，最後你會發現你真的做到了。

8.正確認識自己：對過去的成績要進行分析，充分認識自己的能力、素質和心理特點，要有實事求是的態度，不誇大自己的缺點，也不抹殺自己的長處，這樣才能確立適當的追求目標。特別要注意對缺陷的彌補和優點的發揚，將自卑的壓力變為發揮優勢的動力，從自卑中超越。

9.客觀全面地看待事物：具自卑心理的人，總是過多地看重自己不利、消極的一面，而看不到有利、積極的一面，缺乏客觀全面地分析事物的能力和信心。所以

我們要努力提高客觀分析對自己有利和不利的能力，尤其要看到自己的長處和潛力，而不是妄自菲薄。

10.積極與人交往：不要總認為別人看不起你而離群索居，你看得起自己，別人也不會小看你，能不能從良好的人際關係中得到激勵，關鍵還在於自己。要在與人交往中學習別人的長處，發揚自己的優點，多從群體活動中培養自己的能力，這樣可預防因離群而產生畏縮躲閃的自卑感。

11.在積極進取中彌補自身的不足：有自卑心理的人大都比較敏感，容易感受外界的消極暗示，從而愈發陷入自卑中不能自拔。如果能正確對待自身缺點，把壓力變為動力，奮發向上，就會取得一定的成績，從而增強自信，擺脫自卑。

◎好習性勝過好樣貌

天底下，有讓男人趨之若鶩的女人，同樣也有讓男人退避三舍的女人。根據心理學家調查研究發現，以下八種性格的女人，最令男人避之唯恐不及。

1.霸道成性：許多女孩不但沒有發揮對男士體貼入微的天性，而且十分霸道，喜歡在男友頭上滿足高漲的權力欲。不但約會時要男友唯命是從，就連男朋友穿什麼衣服、梳什麼髮型，也要向她「請示」，要是對方有什麼不合己意，就會雷霆大發。最初，男朋友或許還會順從，但時間長了，性格再好的男人恐怕也無法奉陪到底。

2.自認萬人迷：一些女孩為了向男朋友顯示「實力」，老是在言語間暗示自己追求者很多，現在能夠「屈尊」，實是對方的榮幸。這種自命「奇貨可居」的態度，又有哪個男人能夠長期忍受？

3.喜歡嚼舌根：在男人面前說別人長短、揭發人家隱私，都會破壞男人對你的印象，覺得你過於小家子氣。

4.過分獨立：行事獨立、凡事自主是今日新女性的形象，本來是值得欽佩的。然而，在與男士的交往中，你若將凡事「親力親為」的做事原則搬到談戀愛上頭，就未免有點太不解風情了。

5.紀律過嚴：男人最怕與女人相處時，儼如參加部隊集訓。犯有此類「紀律病」的女人，要找到「服從命令」的男人恐怕真的不容易。

6.熱情過度：有的女人為了給人親切、友善的印象，一見到人便急於散發自己的熱情，把自己的背景、喜惡如數家珍地道出，甚至在交談時拍打對方的肩膀、靠近對方的身體，凡此都會讓人覺得不自然，甚至不敢接近你呢！

7.不懂體貼：很多女孩有公主病，不開心的時候要求男友千依百順，但在男友憂愁鬱悶時，還堅持要男友陪她逛街看電影，這種只可共歡樂，不可同分憂的女孩，誰也不會願意和她共度一生。

8.打扮妖豔：有些女人為求引來豔羨目光，把首飾箱內的所有寶物一齊動員，以至全身堆滿飾物，清麗不足，庸俗有餘；又有些女孩喜歡噴上濃郁的香水或是畫上濃妝，令人嗆得難過。須知輕巧明麗的妝飾、清新隱約的香味才能給人好感，過於誇張、沒有自然美的打扮，只會暴露你的庸俗。

◎勤快認真惹人愛

女人，長得美醜並不重要，重要的是有否勤快任事的習性。懶惰從某種意義上講就是一種墮落，它就像精神腐蝕劑一樣，慢慢地侵蝕著你，一旦背上了懶惰的包袱，生活將變成腳下的泥潭。

懶惰是許多女人虛度時光、碌碌無為的性格因素，這個因素最終使她們陷入困境。產生惰性的原因就是試圖逃避困難的事，女人一旦長期躲避艱辛的工作，就會形成習慣，而習慣就會發展成不良性格。

美國有位婦人名叫雅克妮，現在她已是好幾家公司的老闆，分公司遍佈美國二十七個州，雇用的工人達八萬多。

雅克妮原本是一位依賴丈夫生活的婦人，後來由於丈夫意外去世，家庭的全部負擔都落在她一個人身上，還要撫養兩個子女，在這樣艱困的環境下，她被迫去工作賺錢。她每天把子女送去上學後，便利用餘下的時間替別人料理家務，晚上，孩子們做功課時，她還要做一些雜務。後來，她發現很多現代婦女都外出工作，無暇整理家務，於是靈機一動，花了七美元買清潔用品，為有需要的家庭整理瑣碎家務，這項工作需要她付出很大的勞力，漸漸地，她把料理家務變為一種技能，後來甚至大名鼎鼎的麥當勞速食店也找她代勞。雅克妮就這樣夜以繼日地工作，終於使訂單滾滾而來。

有些女人終日遊手好閒、無所事事，無論做什麼都捨不得花力氣、下工夫，但這種人的頭腦可不懶，她們總想不勞而獲，總想佔有別人的勞動成果，她們的腦子一刻也沒有停止活動，一天到晚都在盤算著去掠奪本屬於他人的東西。可是時間長了，人們自然會明白你是一個什麼樣的人，一定會對你感到厭煩並敬而遠之。生性懶惰的人不可能在社會上成為一個成功者，他們總是會失敗的。

懶惰是一種惡劣的精神重負，女人一旦背上了這個包袱，就會整天怨天尤人、悲觀失落，這種人注定了不會受到別人歡迎，也終將成為人們的負累，只有勤奮、認真生活的女人，才能活出真我，並得到人們的尊敬與喜愛。

◎三分之一給愛情，三分之二給自己

男人就像女人的一把保護傘，他為女人撐起一片晴空；而女人常常就像一個虔誠的信徒，將自己的全部奉獻給了愛情，希望永遠躲在這把傘下。有人對愛情進行了量化分析，如果把女人全部的愛分成三等分，那麼最好的策略是，三分之一給愛情，三分之二給自己。

愛一個人，無論有多深、多濃，一定要有自己。愛情必須建立在平等的基礎上，你可以奉獻，但絕不能低下的去愛一個人，在愛情中一定要包含著自身的尊嚴，身體的依戀是有限的，只有建立在靈魂平等基礎上的真愛才能走得久遠。

愛情，不能對它太慈祥、太寬容，倘若這樣，可能會失去你的保護傘，要努力又不動聲色地提醒對方，讓他感覺到你的存在；同樣，對愛情也別太苛刻，太苛刻也會失去它，苛刻常常意味著你的不信任。

男人喜歡女人撒嬌，喜歡女人偶爾帶點孩子氣，只要不經常、不過分，他會更加寵愛你。不要因為你是女人就將主動權讓給男人，美好的東西要自己去追求，機會要你自己去創造。

女人在主動尋找愛情的同時，還應懂得把握好愛情的分寸，把三分之二的愛留給自己，一旦對方離開，你還能從對方越走越遠的朦朧背影中回頭，你還有愛自己的能力和勇氣。如果把十分的愛全給了對方，在愛中喪失了自己，一旦對方變心，你就會措手不及，無法將自己從深陷的往事中拔出來。

沒有自己、不留任何餘地的愛是可怕的，它具有毀滅性和顛覆性，很容易釀出悲劇來。所以，千萬不能把愛全部投注在對方的身上，那是危險的，你怎麼能把生命的賭注全部壓到他人身上，去指望他人呢？

把三分之二的愛留給自己，女人才能為自己留出個人的空間，在那裡保存著女人的尊嚴和價值、生命原則和人格魅力。因為這三分之二的距離存在，對方會覺得仍有深入和進步的可能，同時也不會讓對方覺得太累。

對女人來說，愛情是生命中最厚重的，最無價的，男人讓女人一生激動、傾慕、依戀，更讓女人溫暖，因此所有的女人都渴望永久擁有這份情感，彼此牽手走過一生。但很多時候，女人不僅要為得到這份情緣欣喜，更需要學會守護愛情的技巧，這些技巧包括：不要把你的伴侶拿來和別人比較；不可以整天追問對方愛不愛你；不要動不動就擺臉色給對方看；要適度表現你的體貼和柔情；要恰當地把握嫉妒和嬌媚；把伴侶的父母、朋友當成自己的父母、朋友。

在茫茫人海中尋覓到真愛真的很不容易，所以，女人應該用智慧尋找愛情的庇護，掌握守護愛情的技巧，握緊真愛的手，才能愛得自在又幸福。

◎先愛自己，別人才會愛你

我們無從考證，究竟是根據什麼理由，把無條件犧牲當做女人的美德。一個女人，以要照顧親人作為拋卻夢想的理由，到最後甚至連自己都給忘掉。看似每天都忙忙碌碌，全身心地付出，可真正得到的理解並不多。

女人應該把自己放在第一位，不懈地追求自己的理想。只有把自己當回事，別人才會把你當回事；只有把自己照顧好了，才更有資格去照顧別人。生活的藝術在於知道如何享受，每天給自己多一點自信，即使生活有一千個理由讓你哭，你也要找到第一千零一個讓你笑的理由。

現在生活節奏不斷在加快，人們每日的生活被安排得滿滿的，每天忙碌的是工作，談論的是工作，生活應該是豐富多彩的，而我們卻只顧低頭趕路！

生活中需要一些屬於自己的時刻，巴爾扎克說過，躬身自問和沉思默想能夠充實我們的頭腦。我們需要為自己找出一段專屬的時間，和自己的心靈對話，體味生命的意義。

很多時候我們的內心常為外物所遮蔽，無暇去聆聽自己內心最真實的聲音，於是，我們總是在冥冥之中希望有一個人能夠傾聽我們的心。其實很多時候我們就是自己最好的知音，世界上還有誰能比自己更瞭解自己？還有誰能比自己更能替自己保守秘密呢？因此，當你煩躁、無聊的時候，不妨給自己一點時間，和自己的心靈認真地對話，問問自己：我為何煩惱？為何不快樂？滿意這樣的生活嗎？

在自己的天地裡，你可以毫無顧忌去發洩，也可以坦誠地剖析自己，在與自己的對話中，讓心靈放鬆，找到最適合自己的生活方式。

當你的生活變得乾涸乏味，女人該為自己留出一段時間，與自己獨處，試著安靜下來認真傾聽內心最真實的聲音。這種傾聽可以讓我們從生活的繁忙中抽身出來，拓展我們人生的深度，讓我們體驗生命甘泉的甜美。

◎擁有愛好是你珍貴的權利

每天抽出一點時間來培養自己的愛好，做一些自己喜歡的事情，不僅有助於豐富我們的才情，還可以為我們忙碌的生活增添一分情趣。做自己喜歡做的事，可以忘記周圍的一切煩心事，讓心情徹底放鬆，讓大腦重新清醒，從而讓自己在面對工作時能夠做出理智的決斷。

很多人小時候會有自己的愛好，譬如畫畫、音樂，可是在他們成長的過程中，卻因為很多外部壓力而漸漸放棄了這些愛好。事實上，我們並沒有從這種放棄中獲利，生活苦悶的人總是居多，如果這些人能有一些自己喜歡做的事情，在其中享受毫無功利性的樂趣，就能享受心靈的富足。

安娜是一家知名公司的經理，儘管自己的事業非常成功，但她總感覺到自己生活中缺了點什麼。後來，她想起了小時候的愛好——畫畫，於是她開始每天抽出一個小時作畫，用心體會畫畫所帶給她的心靈滿足。

為了保證這一個小時不受干擾，唯一的辦法就是每天早晨五點前就起床，一直畫到吃早飯。安娜後來回憶說：「其實那並不算苦，一旦我決定每天在這一小時裡畫畫，每天清晨這個時候，就怎麼也不想再睡了。」她把頂樓改為畫室，幾年來她從未放棄過早晨的這一小時，而時間給她的報酬也是驚人的。她的油畫大量在畫展上出現，她還舉辦了多次個展，其中有幾百幅畫以高價被買走了。她把這些收入作為獎學金，專供給那些藝術領域的優秀學生。她說：「捐這點錢算不了什麼，只是我的一半收穫，從畫畫中我所獲得的啟迪和愉悅，才是我最大的收穫！」對於業餘喜好，我們可以有多項選擇，例如運動、繪畫、音樂、廚藝等，只需一樣，就可以讓平凡的女孩有不平凡的亮點。

你並不需要為你的愛好分出很多時間，但記住一定要在心裡為它留出一塊園地。只有這樣，你才能在煩擾的世俗生活中覓得一處清幽，從中收穫快樂。

11 成為搶手貨

◎女人三「本」——姿本、知本、資本

成為「精品」是女人無上的追求，但要如何修煉才能成為精品女人呢？以下總結了精品女人的三個「本」。

第一個是「姿」本。

不知在何時，我們悄然進入了「姿」本主義時代，雖然我不認同把姿色排在第一位，但不可否認的是，以貌取人還是很常見的現象。其實這也可以理解，「愛美之心人皆有之」，我們都喜歡美的東西，無論是男人還是女人，所以，形象好的人往往大受歡迎。

猶太人裡有這樣的教誨：人在自己的故鄉所受的待遇視風度而定，在別的城市則視服飾而定。這是說，一個人的評價在故鄉並不受衣著的影響，因為人們瞭解他的言行，但一個人如果到了他鄉，人們要評價他就得看他的外貌特徵、衣飾裝束和

言談舉止了。

無論你是否天生麗質，都可以把自己打扮得優雅、有個性。多花一點時間保養自己，儘量多地留住青春，現在就去做，如果不做，將來一定後悔。

第二個是「知」本。

學習是一件終身的事情。求學期間大家讀的書都差不多，離開學校之後才是真正分出高下的時候；讀書以外，知本還包括其他的技能，在生活和工作中遊刃有餘的女人，一定是那些掌握了很多技能和經驗的人，才能在人群中脫穎而出。

第三個是「資」本。

都說新世紀的女性要獨立，而獨立的第一個要件就是經濟要獨立。很多女人寄希望於尋找一張「長期飯票」，把自己的一生都依附在男人身上，乍看之下不失為一勞永逸的方法，但是尋找長期飯票也要承擔風險，不僅要考慮飯票的「有效期限」，還要承擔靠外表拴住男人的「折舊」風險，當婚姻破碎時，受害的一方往往就是沒有經濟能力的女性。女人有錢，不只是為了追求享樂，而是要確立為自己做主的權利。

姿本、知本、資本，這就是成就精品女人的三個本，倘若做到了這三方面，那麼，你就往幸福又邁進了一步。

品味是時間打不敗的美麗

一個有生活品味的人，會使終日蒙塵的生活閃閃發亮，追尋有品味生活的女人，絕對是優雅與別緻的女人。我們從來不會吝嗇把「美女」的頭銜給一個女人，而我們卻較少誇一個女人有品味。

高品味是內涵的外在表現，因為一個人的品味，是與其環境、經歷、修養、知識分不開的。只有有意識地培養良好的修養，積累豐富的知識，才能有充實的內心世界，才能表現出高尚的思想和高雅的品味。

一個只會注重穿著打扮的女人是淺薄的，內涵是空虛的。人們常說，做人要有氣質，做事要有風格，作為一個女人，也要有自己的特色；有品味的女人會用自己的眼睛發現身邊的美，並用心去感受它。其實品味的培養並不複雜，每一個注重細節的女人，都有機會成為品味女人。一瓶花、一杯茶、一首歌……都可以在無形中烘托出一個品味女人。

女人的品味，是時間打不敗的美麗。正如一位作家的名言：「女人是一種指標，如果女人都散發出品味，社會自然成為泱泱大國。」

◎比漂亮女人聰明，比聰明女人漂亮

美國哥倫比亞一家公司曾經對辦公室女性的外表做過一項調查，結果顯示，美女很容易找到辦公室文書處理這樣的工作，她們的起薪平均高於其他相貌平平的女子，但是她們很難進入更高層的領域，因為這些領域對能力的要求明顯高於外表。《杜拉拉升職記》中，海倫就是這樣一位外表出眾的漂亮女郎，而她在公司的定位僅僅局限在秘書這個職位，而相貌平平的拉拉卻憑藉聰明的頭腦和熱情的幹勁，在公司步步高升。

海倫和拉拉的經歷告訴我們，良好的外表的確能給人帶來很多優勢，但外表只是「開場白」，它可以成為敲門磚，卻不是成功的保證。

只在某一方面突出並不能稱之為優勢，強大的綜合實力才能讓你勝人一籌。所以，單純有美麗的外表或者聰明的大腦不能保證讓你脫穎而出，但如果你既聰明又漂亮，還會有誰注意不到你呢？

英國倫敦大學一位系主任在談到一位女講師時，說：「她應聘本系講師職位時，從她一進門，我就感到她是我所渴望的人。她身上有著某種氣質，把她那莊重的外表襯托得越發迷人。只有有高度素養、可信、正直、勤奮的人才有這樣的光芒。第一分鐘我就定下了人選，三十分鐘之後，我就讓她第二天來系裡報到。她沒有讓我失望，現在她已是最優秀的講師。」

在眾多的競爭者中，女講師為什麼散發出這種氣質，系主任說得似乎很玄，但聰明人一眼就看得出來，因為她既有專業實力，又有極富吸引力的外表。這兩項優點加起來，與其他競爭者相比較就顯得格外突出。

這個時代裡，美女太多，有能力的女性也不少，如何在她們中間顯露自己，你必須內在和外在兩邊都加強。外在就像你的硬體條件，你要修飾好你的面容、保持合度的身材、選擇得體的穿著，並且要保持優雅的舉手投足；而內在就像你的軟體條件，你要積累豐富的學識、懂得為人處世的原則、修煉自己的品性，這樣內外兼備的你才是最完美的。

聰明的女人都不如你漂亮，漂亮的女人都不如你聰明，這樣完美的你，走到哪裡都是最搶眼的風景線。

◎靠氣質讓自己「暢銷」

要擁有傲人的氣度與素質，需要的是全方位的修養和歲月的沉澱。有一位優雅的女士在她的回憶錄中這樣寫道：「我小的時候在困窘的環境中成長，但是，母親從來都把我們的生活安排得井井有條，日子被母親過得每天都那麼有滋有味。她給我們做的白襯衫、白邊鞋、粗布衣服是最整潔的，而且，在家的桌子上永遠鋪著一塊十分潔淨的格子圖案的桌布，上面的老式琉璃雕花瓶總是擦得晶瑩剔透，裡面插著的花都是後山上剛開的花，花幾乎天天換，從沒有過絲毫枯萎的跡象。她讓我們在艱辛中明白什麼是整潔與有序，讓我們知道粗劣的土地上一樣可以長出美麗的花。她經常說的話是：生活可以簡陋，但卻不可以粗糙。」

是的，生活可以簡陋，但卻不可以粗糙。一個注意培養自己氣質的人，一定會修煉一顆精緻的心。在日常生活中，點點滴滴都值得我們細細去品味，去咀嚼，去用心經營。

這種生活中點點滴滴的精緻，融入一個人的血液、生命、言行中，就形成高潔的品味。那麼，女人該如何展現氣質魅力呢？

1. 裝扮得體、舉止大方：如果你的長相並不十分出眾，那你就要懂得怎麼改變自己，彌補自己的先天不足，通過服裝、髮型、化妝等把自己裝扮得體，顯示出你特有的魅力；在言談舉止中要落落大方，既有女性的溫柔，又有高雅的氣質。

2.**心地善良、寬容待人：**假如你有一顆善良的心，並且待人寬厚，且經常幫助他人，那麼，即使你不是很漂亮，但在這個物欲橫流的世界裡，你的精神依然會讓人心動。

3.**健康、開朗、樂觀：**身體是生活的本錢，只有健康才能讓自己活力四射。優雅的女人開朗樂觀，遇到挫折時敢於認真面對，用女性特具的韌性，在克服困難的過程中尋求屬於自己的幸福。

4.**有理想和自信：**氣質女人對未來有著崇高的理想，她們追求事業上的成功，用充滿自信的目光看待每一件事、每一個人；而且，一個男人若能與一個不僅只滿足於衣食之安的女人共度人生，生活就永遠不會陳舊，人生也不會走向退化。

5.**興趣廣泛：**培養廣泛的興趣愛好，並持之以恆，能讓你擁有更好的人緣，與他人更容易親近，生活也會有更多樂趣。

女人想要在事業上獲得成功，想要博得眾人對你的好感，想要離自己的幸福更近一些，就要修煉自己的心性，讓自己做一個氣質美女。

◎至少會幾道拿手好菜

作家畢淑敏很形象地說，一個不愛做飯的女人，像風乾的葡萄乾，可能很甜，卻失了珠圓玉潤的本質。也有人說，女人味就是油煙味，如果一個女人身上除了脂粉味就是香水味，那她總歸算不上一個有味道的女人。

這也並不是說每個女人都非得下廚房，終日與鍋碗瓢盆做伴，但至少要會幾道拿手好菜。不做，不等於不會做，會做，也不等於天天要做，最起碼在關鍵時候，需要你表現這種能力的時候，你必須具備。要知道，女人燒飯做菜，不只是填飽男人的肚子，更是填滿了男人的自尊。

像是老公的生日、情人節、結婚紀念日，你難道不想為他燒幾道他愛吃的菜，過著幸福的二人世界？有一句話說：「要管住男人的心，先管住他的胃」，如果老公經常出差，聰明的女人更應該學會做幾道拿手的菜，讓久別重逢的老公美美地吃上一頓家常飯。一個女人哪怕是笨手笨腳、手忙腳亂地為男人做一頓好飯，在男人眼裡，其意義不只是果腹，那是她對他愛的表示。聰明的女人會用幾道好菜、用愛來營造和諧輕鬆的家庭氛圍，讓男人的胃時常憶起，記得家中有嬌妻在巴望他回家，讓男人疲憊的心有溫暖的停靠港灣。

12 幸福密碼

◎過自己的日子，不需處處和人比

很多女人對於「幸福」的定義，都是用「比較」來做標準的。開進口車的自以為比開國產車的幸福，嫁有錢的自以為比嫁沒錢的幸福，周身名牌的自以為比穿地攤貨的幸福……。可是不要忘了，山外有山，人上有人，只要你不是愛因斯坦，就肯定有人比你聰明；只要你不是世界首富，就肯定有人比你有錢……。心比天高不是女人的福氣，比來比去，毀了自己的好心情。

生活的差別無處不在，於是人們在差別中情不自禁地產生了攀比的心理，而盲目攀比卻讓人們習慣性地將自己的貢獻和所得與別人進行比較。如果這兩者之間的比值大致相等，那麼心態大致就能保持平衡；如果一方的數值大於另一方，那麼就會產生心理失衡。女人更是如此，面對穿金戴銀的閨中密友，女人會幽怨自憐：求學的時候，論成績我比她好，論長相我也不輸她，現如今我卻處處落後她！

其實世上本無事，實是庸人自擾之。所謂人比人氣死人，很多煩惱都是因覺得不如周圍的人而徒生出來的。別人固然有不如你的地方，但不是處處不如你，每個人都有自己生存的空間，她在她熟知的領域超過你，並不表示你技不如人，只能代表你不瞭解某一方面的知識，說明她某些方面還是比你強，想明白了這些，也就沒有心結了。

人世間沒有永遠的贏家，也沒有絕對的輸家。如自然界中，長青之樹無花，豔麗之花無果；人各有其長，各有其短，每個人都有自己的優點，學會俯視，常往下比一比，生活必定會充滿安逸。

聰明的女人，別總跟自己過不去，拿掉你心裡的那架天平，過自己的日子，享自己的幸福。

對不能改變的事情一笑置之

命運中總是充滿了不可捉摸的變數，如果它給我們帶來了快樂，我們很容易接受，但事情卻往往並非如此；有時，它帶給我們的是可怕的災難，這時如果我們不能學會接受它，如果讓災難主宰了我們的心靈，那生活就會永遠地失去陽光。

學會接受不可避免的事實，這樣我們才能從不幸的陰影中擺脫，聰明的人都應清楚地認識這一點。

卡內基曾在紐約市中心的一座辦公大樓電梯裡遇到一位男士，他的左臂由腕骨處切除了。卡內基問他傷殘是否會令他煩惱，他說：「噢，我已很少想起它了，我還未婚，所以只有在穿針引線時覺得不便。」

從這位男士的回答中可看出，人在不得已時幾乎可以接受任何狀況，調整自己，適度遺忘，而且速度驚人。

荷蘭阿姆斯特丹有一座十五世紀的教堂遺跡，有這樣一句讓人過目不忘的題詞：「事必如此，別無選擇。」

在我們有生之年，我們所經歷的很多遭遇都是不可逃避的，因此，我們所能做出的唯一選擇就是接受不可避免的事實，並做自我調整，抗拒不但可能毀了自己的生活，而且可能會使自己精神負載過重。

顯然，決定能否給我們快樂的不是所處的環境，而是我們對事情的反應。微笑的女人是快樂的，也是幸福的；她用平靜的眼光觀察世界，她用平常的心情感受萬物，她用冷靜的思維考慮問題。喜從天降時，她不會手舞足蹈；厄運來臨時，她不會捶首頓足；有好成績時，她不會得意忘形；面對挫折時，她不會一蹶不振；生活優裕時，她不會不可一世；處於困境時，她不會垂頭喪氣。面對一切，她只是微微一笑。只要堅強，我們都能度過災難與悲劇，也許我們察覺不到，但是我們內心都有更強的力量幫助我們度過，我們其實比自己想像中堅強。

嘆息和傷感都是沒用的，事情已經發生，我們為何不調整心態，微微一笑，然後勇敢面對。對那些無力改變的事實，停止過多的憂鬱和抱怨吧，用微笑的心態面對，你會發現更多當下的美好！

◎年齡是密度單位而不是長度單位

年齡似乎永遠是女人心頭的痛。她們劃地自限，因為年齡；舉棋不定，因為年齡；感情打折，因為年齡；隱藏才情，因為年齡；整容自虐，還是因為年齡……

女人被問到年齡的時候，總是有些尷尬。於是，女人有了各種各樣的關於年齡的睿智回答——「我已經過了想結婚的年紀」、「我已經過了相信承諾的年紀」、「我已經過了喜歡聽甜言蜜語的年紀」、「我已經過了奮鬥打拼的那個年紀」。

生活中，有這樣一些女人，她年輕的時候只是比一般人稍微漂亮些，可時光證明了她是塊璞玉，時光越雕琢，越晶瑩剔透。換句話說，她是越老越美麗的女人。她們知道，女人的美麗並不僅僅是光潔粉嫩的皮膚、纖細苗條的身材，更多的應該是迷人的氣質、優雅的風度以及大氣的風範。她們從不介意透露自己的年齡，因為她們的身上無時無刻都傳達著自信的資訊，對她們來講，年齡不是一個長度單位，而是密度單位，是生命以及生活含金量的一種展現。

聰明的女人，具有為自己「保鮮」的能力，歲月與生活的瑣碎無法在她的心靈烙下傷痕，因為她知道，增加生命的密度遠比增加長度重要。

其實，怕老並不會使你不變老，所以女人根本沒必要太在意自己的年齡，帶著積極的生活態度，勇往直前的工作狀態，便會永遠年輕。正視年齡，坦然面對，勇於對生命負責，你才可能活得更好、更美。

自信是年齡最終的解藥，也是女人可以給這個以貌取人的世界智慧、理性的回答。年齡是無法抗拒的，但心態是可以保持的，且每個年齡段都有它的美麗：二十歲的女人美在青春洋溢，三十歲的女人美在有女人味，四十歲的女人美在有智慧，五十歲的女人美在善解人意，六十歲的女人美在由人生歷練孕育出的圓融、智慧、寬容、慈祥所呈現出來的成熟風韻，這是年輕人無法擁有的。

影星張曼玉在接受時尚雜誌採訪時被問到：「身為女人，是否也和其他女性一樣擔心歲月，懼怕衰老？」，她回答道：「其實每個年齡階段都有不同的美，關鍵是看你自己如何面對。有很多女人會用很多時間和精力去打扮，想讓自己看上去比真實的年齡更年輕。雖然我不認為她們這樣做是錯的，但是我會選擇面對現實。我情願用同樣的時間和精力去想怎樣保持最佳狀態，珍惜現在所處的階段，積極面對目前的事業和工作。」

人生的密度需要用生活經歷來沉澱。女人需要不斷地給自己充電，讓自己更充實，這樣，當炫目的青春遠去之後，你還會擁有越來越動人的風華。所以，女人們，不要被自己日益增長的年齡限制住，不要在意不值得在意的東西，生命是自己的，每個人都可以活得精彩。保持年輕的心態，增加生命的密度，你離幸福就又近了一步。

◎學會適當地遠離誘惑

這個世界誘惑太多，而我們定力太少。為錢、為名、為利的勞碌中，幸福漸行漸遠。伊索說：「許多人想得到更多的東西，卻連本來擁有的也失去了。」

的確，人生的沮喪很多都是因為得不到的東西，我們每天都在奔波勞碌，每天都在幻想填平心裡的欲望，但是那些欲望卻像是反方向的溝壑，你越是想填平，它就向下陷得越深。

欲望，對於女人是一種天賦。在欲望暗流的驅使下，每個女人內心都渴望有更高、更遠、更完美的愛情和生活。

欲望太多，就成了貪婪。貪婪就像一朵豔麗的花，美得你興高采烈心花怒放，可是你在注意到它的精美的同時，卻忘了提防它的香氣，那是一種讓你身心疲憊卻永遠也感受不到幸福的毒藥。從此，你的心靈被欲求佔據，你的雙眼被虛榮矇蔽。

人人都有欲望，都想過美滿幸福的生活，這是人之常情。但是，如果這種欲望變成不正當的欲求，變成無止境的貪婪，那我們無形中就成了欲望的奴隸。

我們常常感到自己非常累，但是仍覺得不滿足，因為在我們看來，很多人比自己的生活更富足，很多人的權力比自己大。所以我們只能硬著頭皮往前衝，在無奈中透支著體力、精力與生命。

捫心自問，這樣的生活能不累嗎；被欲望沉沉地壓著，能不精疲力竭嗎！靜下心來想一想：有什麼目標真的非讓我們實現不可，又有什麼東西值得我們用寶貴的生命去換取？

聰明的女人，就應該學會適當的修剪一下自己的欲望，不讓那些不必要的貪念支配你的生活，否則你就會因為過度忙碌而錯過了生命中閒適的美好。

◎承認不完美，才得以展現真實

很多女人對人生每每抱有一種力求完美的心態，凡事都要全力以赴，事事都不能落後於人，她們可能會因為臉上長了一顆青春痘而不想出門，也可能因為學識不佳而不敢跟人談戀愛。可是人生哪來的十全十美，何必把自己折騰得這麼累？你是否想過，事事不必苛求完美，盡力而為即可，讓自己過過減法生活，無法改變的事情就不要過度在意，要懂得從內心善待自己，才會活得神采飛揚。只有從內心接受自己，喜歡自己，坦然地展示真實的自己，才能擁有快樂的人生。

我們知道，這個世界上不是所有東西都讓人滿意，所有事物或多或少皆有瑕疵，人類亦同，我們只能盡最大的能力去使它更完美一些。智者告訴我們，凡事切勿過於苛求，如果採取一種務實的態度，你會活得更快樂！

哲學家伏爾泰曾說：「幸福，是上帝賜予那些心靈自由之人的人生大禮。」這句話足以點醒每一個追求幸福的女人：要做幸福女人，你首先要當自己思想、行為的主人。換言之，你只有做自己，當個完完全全的自己，你的幸福才會降臨。

一個圓環被切掉了一塊，圓環想使自己重新完整起來，於是就到處去尋找丟失的那一塊，可是由於它不完整，因此滾得很慢，它欣賞路邊的花兒，它與蟲兒聊天，它享受陽光，它發現了許多不同的小塊，但沒有一塊適合它，於是它繼續尋找著。

終於有一天，圓環找到了非常適合的小塊，它高興極了，將那小塊裝上，然後又滾了起來，它終於成為完美的圓了。現在，它能夠滾得很快，以致無暇注意花兒或和蟲兒聊天；當它發現飛快地滾動使得它的世界再也不像以前那樣時，它停住了，把那一小塊又放回到路邊，緩慢地向前滾去。

其實我們每個人都是一個不完整的圓，生命中有些東西原本是可以捨棄的，太完美的結局往往像那個完整的圓一樣，會失去很多曾經擁有的快樂。而這個故事也告訴我們，也許正是失去，才令我們完整；也許正是缺陷，才能展現我們的真實。

沒有一個人是完美無瑕的，你是否想過缺憾也是一種美，只要你把「缺陷、不足」這塊堵在心口上的石頭放下來，別過分地去關注它，它也就不會成為你的障礙。

聰明的女人懂得珍惜身邊的一切，不會為無法改變的事情憂愁鬱悶。人生路途漫漫，放慢腳步，你會驚喜地發現，快樂可以是路邊的一株小草，雖然略顯單薄，但是它仍然以自己的方式傲然的活著，為春天增加一抹清新的綠色，也在你心靈的春天揮灑永恆的快樂。

◎聰明女人糊塗心

年輕女人缺少生活歷練，卻對生活要求太高，以致滿心困惑：朋友為什麼出賣我？男友在外面交了些什麼朋友？上司對某女同事為什麼比自己好？但生活中的是是非非很多，我們無法對每件事都有一個滿意的結果。

這些看似聰明的女人，其實她們都是被生活牽著走，為了一點小事，就會歇斯底里。如果能夠「糊塗」一些，女人就會遠離很多煩惱，活得更加快樂，不會被生活的瑣碎吹皺臉上的紋理。鄭板橋的一句名言「難得糊塗」洞明世事：聰明易做，糊塗難為，被世事糾纏不清的人難有大智慧、大作為。

「糊塗」女人惹人疼。聰明的女人成為男人的愛人，太聰明的女人被男人當成對手。真正聰明的女人懂得適時裝傻賣乖、睜一隻眼閉一隻眼，這樣的女人令男人折服、令男人依賴。

「糊塗」女人最可愛。多數女性喜歡斤斤計較，「糊塗」女人在為人處世上就精明多了，她們能用豁達、廣闊的心胸包容每一個人，甚至曾經傷害過自己的「敵人」，她們都能以仁慈之心去微笑面對，這樣的「糊塗」女人怎麼能不可愛？

「糊塗」的女人朋友多。因為她們懂得人與人之間只要滲透一點「虛假」，一切美好的感覺就會煙消雲散，所以她們會用真情來贏得友情，雖然不是每一份「真情」都能贏得友情，但她們知道寬容似水，退一步海闊天空。

想要與人和平相處，想要擁有一個良好的人際關係網和前途，你就需要一本糊塗經。太過計較的人總是追著幸福跑，用盡全力也抓不住飄忽不定、轉瞬即逝的幸福。所以，人生在世不要太過計較，糊塗一番又何妨？只有想得開，放得下，朝前看，才有可能從瑣事的糾纏中超脫出來。假如對生活中發生的每件事都尋根究底，去問一個為什麼，那實在既無好處，又無必要，而且破壞了生活的美好。

◎生活不必太匆匆

現代都市生活的節奏越來越快，每個人都在為生活打拼，能靜下心來品味生活簡直就是一種奢侈，其實，有時候放慢腳步，反而是為了更快地前進。

時間猶如小河流，只能流去不能回。大家都明白這個道理，時間總是那麼無情地溜走，我們必須要抓緊時間努力工作；「一寸光陰一寸金」、「時間就是金錢」等口號我們已經聽了好多年，可慢慢地開始懷疑：我們這麼珍惜時間，拼死拼活地工作到底是為了什麼？

說到底，我們神經緊繃、忙忙碌碌最終也只是為了生存，生存而已。要是純粹用經濟眼光去衡量，一個人只睡四個小時，剩下的時間都在工作，在創造價值，這才划算，可是當累到了極限的時候，我就開始懷疑並嫌惡這樣的生活和這樣的演算法。許多因為過勞死的案例已經以他們的生命告訴了我們：累死不一定會有很多錢，即使有了很多錢，人都累死了還有什麼用？我總以為，一天中有幾小時的時間能被揮霍掉，那才算幸福。

約翰藍儂曾經說過，當我們正在為生活疲於奔命的時候，生活已經離我們而去。過大的生活壓力、過快的生活節奏使我們在不知不覺中失去了平靜，怎麼按也難以按下那股浮躁、不安和焦灼，健康狀況也極度惡化，大家都忙著趕路，卻根本來不及體驗生活的美好。

在經歷了一個極大的浮躁過程之後，很多人的心靈開始慢慢回歸，返璞歸真，慢生活也在全球悄然興起。在羅馬及義大利的其他城市，早在一九八九年就發起了慢城市運動，並滲入世界各國。

近年來，慢生活的理念在亞洲各國也開始深入人心。因為隨著經濟發展和競爭壓力增大，我們的生存狀態也越來越縫隙化和擁擠化，為了創造更多的經濟利潤，我們不得不將腳步邁得飛快，我們更像工業流水線上的齒輪，輸入時間，輸出金錢和高效，整個成了「機器人」、「經濟人」，太多人成了快生活、「加急時代」的犧牲品。

過度的勞累導致了孤獨的疲倦，也使我們更嚮往心靈的依偎，身心的放鬆、和諧與慵懶。忙碌是避免不了的，不安的危機感也的確很難停止，我們唯一能做的就是，在稍有空閒的時間裡好好睡上一覺，或者出去散散步，悠閒的享受陽光、空氣和輕輕掠過的柔風，再或者，隨意摘下一朵小花，喝一杯咖啡，看一部舊電影，靜靜地享受一下閒適生活，簡約且透徹。

◎只看我有的，不看我沒有的

世界上不存在絕對完美的事物，我們每個人都是不完美的，沒有人會將所有的好處都一個人占盡，也不可能所有的壞事都發生在一個人身上。年輕女孩對於自己的種種缺陷不要耿耿於懷，要敢於面對不完美的自己，如果一味盯著自己的缺點，就只能困在自己畫的圈子內黯然神傷，應該看到自己的優點，經營自己的長處，積極地生活。

她站在臺上，不時不規律地揮舞著她的雙手；仰著頭，脖子伸得好長好長，與她尖尖的下巴扯成一條直線；她的嘴張著，眼睛瞇成一條線，詭譎地看著台下的學生；偶然她口中也會咿咿唔唔的，不知在說些什麼。基本上她是一個不會說話的人，但是，她的聽力很好，只要對方猜中，或說出她的意見，她就會樂得大叫一聲，伸出右手，用兩個指頭指著你，或者拍著手，歪歪斜斜地向你走來，送給你一張用她的畫製作的明信片。

她就是黃美廉，一位自小就患腦性麻痺的病人，腦性麻痺奪去了她肢體的平衡，也奪走了她發聲講話的能力，從小她就活在肢體不便及眾多異樣的眼光中，她的成長充滿了眼淚，然而她沒有讓這些外在的痛苦擊敗內在奮鬥的精神，她昂然面對，迎向一切的不可能，終於獲得了加州大學藝術博士學位。

她把手當畫筆，以色彩告訴人們「寰宇之力與美」，並且燦爛地「活出生命的色彩」。全場的學生都被她不能控制自如的肢體動作震懾住了，這是一場傾倒生命、與生命相遇的演講會。

「請問黃博士，」一個學生小聲地問，「你從小就這個樣子，請問你怎麼看你自己？你沒有怨恨過嗎？」大家的心一緊，這孩子真是太不成熟了，怎麼可以在大庭廣眾之下問這個問題，太傷人了，大家都很擔心黃美廉會受不了。「我怎麼看自己？」美廉用粉筆在黑板上重重地寫下這幾個字，她寫字時用力極猛，有力透紙背的氣勢。寫完這個問題，她停下筆來，歪著頭，回頭看著發問的同學，然後嫣然一笑，在黑板上龍飛鳳舞地寫了起來：

一、我好可愛！

二、我的腿很長很美！

三、爸爸媽媽這麼愛我！

四、上帝這麼愛我！

五、我會畫畫！我會寫稿！

六、我有隻可愛的貓！

七、還有……

忽然，教室內鴉雀無聲，沒人敢講話。她回過頭來看著大家，再回過頭去，在黑板上寫下了她的結論：「我只看我所有的，不看我所沒有的。」

掌聲由學生群中響起，黃美廉傾斜著身子站在臺上，滿足的笑容從她的嘴角蕩漾開來，她的眼睛瞇得更小了，有一種永遠不被擊敗的傲然寫在她臉上。

大家不覺兩眼濕潤起來，看著黃美廉寫在黑板上的結論：「我只看我所有的，不看我所沒有的。」每個人都想，這句話將永遠鮮活地印在自己心上。

學會容納自己的不完美，實事求是地看待自己，才能從自身條件的不足和所處不利環境的局限中解脫出來，去做自己想做的事。很多女孩子每天生活在一個美麗的童話王國裡，卻看不見生活的美麗，怨天尤人，時常感到失落。要得到快樂，請記住這條規則：「只看我所有的，不看我所沒有的。」

◎內心有陽光，世界就有光明

一樣的事情，可以選擇不同的態度對待。選擇積極的態度，並作出積極努力，就一定會看到前方的風景。

兩個小桶一同被吊在井口上。

其中一個對另一個說：「你看起來似乎悶悶不樂，有什麼不愉快的事嗎？」

另一個回答：「我常在想，這真是一場徒勞，沒什麼意思。常常是這樣，裝得滿滿地上去，又空著下來。」

第一個小桶說：「我倒不覺得如此。我一直這樣想：我們空空地下來，裝得滿滿地上去！」

很多事情，站在不同的立場，便有不同的看法，正面的想法產生積極的效果，負面的想法產生消極的效果。樂觀的人，在每一個憂患中看到機會；悲觀的人，在每一個機會中看到憂患。

普希金說，假如生活欺騙了你，不要憂鬱，也不要憤慨。我們的心憧憬著未來，現實總是令人悲哀。一切都是暫時的，轉瞬即逝，而那逝去的將變為可愛。

你知道汽車輪胎為什麼能在路上跑那麼久，忍受那麼多顛簸嗎？起初，製造輪胎的人想製造一種輪胎，能夠抗拒路上的顛簸，結果輪胎不久就被切成了碎條。然後他們又做了一種新的輪胎來，能夠吸收路上新碰到的各種壓力，這樣的輪胎就可以「接受一切」。

在曲折的人生路上，如果我們也能夠承受所有的挫折和顛簸，化解與消釋所有的困難與不幸，我們就能夠活得更快樂，我們的人生之旅就會更加順暢、更加開闊。

◎用沙漏哲學一點一滴化解壓力

現代女性通常肩負著事業和家庭的雙重責任，每一天都在壓力中度過。脆弱的女人很有可能產生抗拒心理，詛咒壓力、憎惡壓力，在壓力中消沉，甚至在壓力中崩潰，以致選擇一些極端的解決方式，這樣的例子不勝枚舉。

工作的繁重、生活中的各種瑣事、情感糾葛、人際緊張都可能造成壓力，讓你感覺到一種「備戰狀態」，精神高度緊張，隨時像是有災禍要發生。許多人都面臨著這樣的境況，尤其是金融危機來臨之後，大家都在擔心自己的飯碗能否保得住、高額的房貸如何償還、父母子女等待供養……可以說，承受壓力是一個現代人的常態。但問題是，一些人似乎能夠承受，而另一些人卻被壓力擊垮。究其原因，外部壓力的大小只是一部分原因，更大的原因來自於自我，也就是說，是我們讓自己的心靈背負了沉重的壓力。

其實完全沒有心理壓力的情況是不存在的，如果你的生活失去了壓力，那麼「空虛」就會找上門來。無所事事，對生活失去興趣的狀態比高壓狀態更加不利於你的心理和生理健康。

知名心理諮詢專家說：心理壓力是魔鬼與天使的混合體。它就像是能帶給人心靈和軀體雙重傷害的魔鬼，而另一方面，壓力又能讓我們保持較好的覺醒狀態，智力活動處於較高的水準，可以更好地處理生活中的各種事件。

壓力是一種常態，但不會與壓力相處的人就會打破這種狀態，讓自己的精神和身體陷入崩潰的邊緣。如何與壓力相處，關鍵是承受者的心態和耐力，所以，與其在壓力來臨時詛咒它，不如從自身做起，改變心態，增強承受力，更要向沙漏學習，把壓力一點一滴釋放掉。

如果你不能把所有的事情一次解決，那麼又何必一次為那麼多事情煩惱呢？不能即時改變的事，你再怎麼擔心憂慮也只是空想而已；你應該試著一件一件慢慢來，全心全意把眼前的這件事做好。當你學會調整自己，壓力就會不斷推動著你努力前進。你也可以試試這些化解壓力的辦法：

1.列出具體的壓力源：你可以仔細思考自己到底有哪些壓力，它是來自工作、生活、交際還是其他方面，把讓你感到困難的事情仔細寫出來。一旦寫出來以後，你就會發現，瞭解自己的具體所想就能化解掉一半的壓力。然後為這些事情排一個序，哪些是必須馬上解決的，哪些是可以稍緩一下的，從重點開始逐個擊破。

2.自我心理暗示：通過積極地自我心理暗示，如告訴自己「這些都不算什麼，我可以輕鬆解決」、「我可以做到」等，這些積極的暗示都能在短時間內讓你平復心情，獲得一些輕鬆的感覺。

3.用大哭來發洩：心理學家認為，大哭能緩解壓力。心理學家曾給一些成年人測驗血壓，然後按正常血壓和高血壓編成二組，分別詢問他們是否偶爾哭泣，結果八十七％血壓正常的人都說他們偶爾會哭泣，而那些高血壓患者卻大多數回答說從不流淚。由此看來，讓人類情感抒發出來要比深深埋在心裡有益健康。

4.為壓力尋找合理的解釋：這個方法是在你明確壓力來自什麼方面以後採取的，目的是增強心理承受能力。比如說當你在繁重的工作中與同事發生糾紛，感覺到對方增添了你的工作壓力，這時你不妨想一想對方的處境，他可能最近面臨著什麼困境，所以情緒不穩定，因而在與你的合作中產生了摩擦。這樣一想，你就會覺得心裡好過多了。

5.尋求支持：當你覺得自己的心理壓力過大，已經快超出承受範圍的時候，可以適當地向親戚、朋友、心理醫生求助，傾訴可以緩解你的精神緊張，千萬不要一個人硬撐。其實承認自己在一定時期軟弱，然後通過外部有益的支持降低緊張、減弱不良的情緒反應是明智之舉。

總而言之，壓力是客觀存在的，你不可能減掉所有的壓力，但是把壓力放在沙漏裡，雖然它會一點一點地囤積，但也會一點一點地漏下，你的生活就能找到平衡，心情也能歸於平靜。

幸福的女人都健忘

人人都曾有過被痛苦回憶纏繞的經驗，記憶力好的人往往會沉陷在痛苦之中不能自拔，而健忘的人卻能把這些不美好的回憶拋之千里，代之以積極的態度去對應新生活。

回憶是屬於過去歲月的，而過去只存在你的印象裡，不屬於現實的生活。一個人要想在以後的生活裡不斷進步，就要試著走出過去的回憶，不管它是悲還是喜，不能讓回憶干擾我們今天的生活。

不要總是表現出對現狀很不滿意的樣子，更不要因此過於沉溺在對過去的追憶。當你不厭其煩地重複述說往事，你可能就忽略了今天正在經歷的體驗。健忘是一種福，當你無法逃避生活對我們的考驗，又想讓內心寧靜、平和時，記憶好的人必定會逆流而上，撞得頭破血流而內心矛盾不已，而健忘者卻能忘卻生活中的不幸和苦惱，繼續前行。

健忘的人不會為一時得失所羈絆，他們都懂得怎樣讓昨天的慘敗變作明日的凱旋；健忘的人不會為了一段感情的困惑而讓自己痛苦不堪，當為了一段感情而無奈彷徨的時候，忽然的忘卻其實也是一種莫大的幸福。忘記了傷害和痛苦，才能心平氣和地去容納其他人。

如果你總是因為昨天錯過今天，那麼在不遠的將來，你又會回憶著今天的錯過，在這樣的惡性循環中，你永遠是一個遲到的人。不如積極參與現實生活，要學會從歷史的高度看問題，順應時代潮流，不能老是站在原地思考問題。

如果對新事物立刻接受有困難，可以在新舊事物之間尋找一個突破口，例如思考如何再立新功、再創輝煌，不忘老朋友、發展新朋友，繼承傳統、厲行革新等，

尋找一個最佳的結合點，從這個點上做起。

學會忘記，丟掉的是傷痛，留下的是美麗。蹉跎歲月，人生如歌，我們又何必過分地留戀和計較那些過往的東西，讓自己撐得那麼疲憊？做個健忘者吧，忘記所有的不快和痛苦，蓄足我們的心力和體力，勇敢穿越記憶的隧道，為生命去開闢一片新綠。

◎快樂總在放下之後

放下，是一種睿智，是一種豁達，它對心境是一種寬鬆，對心靈是一種滋潤，只有懂得放下的女人才能擁有快樂，擁有海闊天空的人生境界。所以，千萬別忘了，生活中還有一種智慧叫「放下」！

生活中，很多女人都在為自己美好而絢麗的夢想苦苦追尋。遺憾的是，能實現夢想的少之又少。沒有實現夢想的女人，往往是因為一開始就設定了自己根本就無法做到的事情，最終夢想只能變成泡影。

每個人的時間都是有限的，如果是一件於己無益的事，對自己毫無幫助，適時地放棄也許才是最好的選擇。

一位從事室內設計的工程師說起關於簡約的空間美學的話題時說：「就建築或者室內設計而言，簡約比複雜的難度還要高上許多，因為加上東西是容易的，可是要減掉東西，卻需要更多、更敏銳的美學素養與判斷。」

其實，懂得放下的道理，也是人生中更大、更深的課題。從呱呱落地開始，我們一直學習的都是用加法來面對人生課題，從生理上的吃飯，心理感情上的得到，知識上的不斷學習與吸收，到物質或成就上的累積。可是，這樣的加法卻在許多時候，成為卡住我們，讓我們困惑、凝滯的關鍵，因為加法並不是面對人生課題時唯一的方法，有些時候，你必須用「減法」才能夠解得開，而所謂的減法，正是放下的藝術。

無論你的選擇是什麼，你注定會失去一些東西，也注定會在失去的同時獲得一些東西。其實有時得到什麼、失去什麼，我們心裡都很清楚，只是覺得每樣東西都有它的好處，哪樣都捨不得放手。

比如大學畢業分手的那一刻，當同窗數載的朋友緊握雙手，互相輕聲說保重的時候，每個人都止不住淚流滿面……放下一段友誼固然會於心不忍，但每個人畢竟都有各自的旅程，我們又怎能長相廝守呢？固守著一位朋友，只會擋住我們人生旅程的視線，讓我們錯過一些更美好的人生山水。學會放下，我們就有可能擁有更為廣闊的友情天空。

一個想要成功的女人，不僅要敢於夢想，敢於追求，敢於迎接各種各樣的挑戰，敢於為實現自己的目標去努力進取，還要學會選擇和放下。

放下是一種顧全大局的果敢，放下同樣需要勇氣和膽略。面對全軍覆沒的危險，有膽略的軍事家會說：三十六計走為上策；面對將要破產倒閉的厄運，有眼光的企業家會說：留得青山在，不怕沒柴燒。

放下是一種泰然處之的大度，汲汲於名利者永遠不會知道滿足。請記住赫拉克利特的話：最優秀的人寧願只要一件東西，而不要其他一切；懂得放下才有快樂，背著包袱走路總是很辛苦。

姊妹們，學會放下吧，放下並不代表失敗和氣餒，適時的放下是為了更少地失去。適當地有所放棄，正是我們獲得內心平衡、獲得快樂的好方法。

新時代女性，好命要靠自己尋找，祝福妳！

智慧系列05

小資女向前衝——新時代女性，好命靠自己

金塊文化

作　　者：蘇妃
發 行 人：王志強
總 編 輯：余素珠
美術編輯：JOHN平面設計工作室

出 版 社：金塊文化事業有限公司
地　　址：新北市新莊區立信三街35巷2號12樓
電　　話：02-2276-8940
傳　　真：02-2276-3425
E-mail：nuggetsculture@yahoo.com.tw

匯款銀行：上海商業銀行 新莊分行（總行代號 011）
匯款帳號：25102000028053
戶　　名：金塊文化事業有限公司

總 經 銷：商流文化事業有限公司
電　　話：02-2228-8841
印　　刷：群鋒印刷
初版一刷：2012年7月
定　　價：新台幣250元

ISBN：978-986-88303-2-5（平裝）

國家圖書館出版品預行編目資料

小資女向前衝：新時代女性,好命靠自己 / 蘇妃著.
-- 初版. -- 新北市：金塊文化, 2012.07
256 面；15 x 21公分. -- (智慧系列；5)
ISBN 978-986-88303-2-5(平裝)
1.職場成功法
494.35　　101011964

金塊文化

金塊文化